私たちの目に見える宇宙の世界観が明らかにされました。

タイトル | 視点の宇宙
著者 | オットー・エヴァルト・シュルツ
ISBN |: 978-39-89230-514
ウェブサイト: www.perspektive-universum.com



原語 ドイツ語
この本の翻訳は Google によって他の言語に行われているため、特定の解釈が元のドイツ語での説明と若干異なって表現される場合があります。著者はこれについて保証しません。

私たちの目に見える宇宙の世界観が明らかにされました。

量子物理学と相対性の一般理論との間の界面の機能？

私はそれを呼びます：
量子動力学の重力圧縮

Tabla de contenido

私たちの目に見える宇宙の世界観が明らかにされました。

私たちの目に見える宇宙の世界観が明らかにされました。

私のほぼ完全な生き方を記した伝記。

世界観に挑戦する

著者
オットー・エワルド
ハインリヒ・ヘルミ・シュルツ
1954年6月5日リュヒョウ生まれ
電気工学の基礎知識
そして、たくさんの彼らに会いました
科学は自給自足であり、高いレベルで
量子物理学と原子物理学へのモチベーション、
熱力学、材料科学、宇宙論、
カオス理論、時間管理、気候テクノロジー
哲学、建設、マーケティング、文学、
経営学と生物学。
この混沌の混合からのみそれは起こり得る
私の本に載っているノウハウ。
全体的なコンセプトは、
宇宙にはたくさんの科学がある
お互いにそれが通過するだけです
信じられないほどの思考量
そんなことは可能だった
結果はこれから。

私たちの目に見える宇宙の世界観が明らかにされました。

私は 1954 年 6 月 5 日にダンネンベルク地区のリュヒョウ近くの小さな田舎で生まれました。私が 6 歳のとき、両親はビーレフェルトに引っ越し、そこでの生活に慣れました。
7、8 歳の時にはすでに家庭内の危険な電気をいじっていたので、自分が生まれつき非常に好奇心旺盛であることに気づいたのはずっと後になってからでした。 ここには、不用意に強い感電が起こった場合に命を救ってくれる差動回路ブレーカーはありませんでした。 しかし、私は後になるまでそれを知りませんでした。 しかし、私はおそらく非常に慎重であり、そうでなければ今日この本を書くことはできなかったでしょう。 ですから、知らず知らずのうちに、電気は非常に興味深いテーマでした。 中等学校を卒業した後、私はすぐに電気技師として見習いを始め、ラジオやテレビの分野に多く携わりました。 私が言いたいのは、これらをベテルのスクラップコレクションからわずかなお金で購入し、ビーレフェルトのフリーマーケットで修理して、正常に動作する状態で販売したということです。 家からのお小遣いがなかったので、とてもお得でした。 それで、いくつかの資金を調達することができました。 私の広範な訓練は 3 年半続きましたが、その間、私は会社を通じて他の分野にもアクセスすることができました。たとえば、当時はもう時代遅れになっていた IBM の空調技術や、ヴェーザー号の原子力発電所についての洞察などです。 防音や暑さ・寒さに対する断熱技術にも詳しくなりました。
見習いをした直後、私はもっと仕事をしたいと思い、エレベーター会社 Flohr-Otis でエレベーター システム技術者として働き始めました。 これは非常に興味深く、私を限界まで押し上げました。当時はまだすべてアナログ電気技術であり、今日のように、いくつかのチップモジュールを交換するだけですべてが再び動作するようなものではありませんでした。 コンピューター科学者は今日これを行っています。
1974 年に私はキールのドイツ海軍に水上兵器電子技術者として入隊しました。
そこで見つけたのは、月面着陸のアポロシリーズに匹敵するものだった。 私の仕事は、個々のコンピューティング センターとブリッジ上のオペレーション センターの間を制御し、ロケットと砲塔の射撃私たちの目に見える宇宙の世界観が明らかにされました。

管制のための正確な調整タスクがこの WDE システムを通じて受け渡されるようにすることでした。

海軍での勤務を経て、宇宙への興味が私の人生に広がりましたが、幸運にも海上で士官と星について話し合うことができました。 彼の作品に興味があったからです。 彼は夕方になるといつも六分儀をいじっていて、それで私たちは星の話になりました。 これは今でも私の心に引っかかっており、私は可能な限り情報をむさぼり食しました。 1970 年代の終わりにブラックホールの存在を知ったとき、文字通り私の中で沸騰しました。 しかし、フローア・オーティスでの海軍勤務の後、人生の真剣さが再び私をしっかりと掴みました。 今回のオイルショックの影響でケルンに転勤になったのですが、それが嫌で油圧・昇降機器の会社に転職しました。 ここは私が自分の未来を築いた場所です。そうしなければ何も達成できず、進歩することもできないからです。 収入は死ぬほど多すぎて、生きるには少なすぎた。 私は 1977 年に最初の妻と家庭を築き、3 人の子供がいました。以前は、自営業になってアイスクリームを販売したり、その他さまざまな商品のマーケティングを行っていました。 1985 年に私は事業をリノベーションと不動産の売買に拡大しました。 複雑な不動産ビジネスをさらに習得するために、私はキールの WAK で 2 年間の通信コースを受講しました。 時間は私にとって貴重なものだったからです。

東ドイツからの難民がすべての部屋を占領したため、私の 3 人の子供たちが学校でほとんど授業を受けられなかったとき (1987 年から 1988 年)。 比較的早く移住を決意しました。 それは 2023 年 9 月の今日と同じジレンマだったからです。 私たちはコスタ・デル・ソルのマラガ・ミハスに移り、子供たちは海外のドイツ語学校に通いました。 そのため、二本足で行ったり来たりすることで多くの時間が無駄になりました。 完全にスペインに決めるまでは。 1996 年に妻と私は離婚し、子供たちはドイツで訓練を受けました。私は現在の妻と出会い、一緒にフエンヒローラのビーチ沿いの最前線にアイスクリームパーラーをオープンしました。 この事業には 5 年間私を支えてくれました。 この間、私たちは共に苦労しましたが、良い基盤を築くのは簡単ではありませんでした。 現在に至るまで、妻は銀行でキャリアをスタートさせましたが、その後、私のビジネスとは合わなくなりました。私たちは 2002 年に結婚し、2 人の息子がいました。私はアイスクリームパーラーから空調システムの設置と販売に転身し、時間をかけて太陽光発電技術に取り組みました。このプログラムには、大規模な太陽光発電システムだけでなく、熱水処理用の小規模な熱システムも含まれていました。住宅の全面改修工事や建築工事も管理に含まれております。

連邦海軍の私（あるいは全員）は、いわばブランドとして、健康を維持するという人生の重要な部分を与えられてきました。停泊しているどの港でも、時計に応じて段階的にジョギングが行われていたからです。最も過酷な走行は、米国ノーフォークの日陰で約 45℃でした。だからこそ、私は常に体調を整えて生活してきました。22 歳から退職するまで 2〜3 日おきに 10〜15km のジョギングを続けていました。私の人生で 17 回のマラソン（42,195 メートル）の準備期間中、トレーニングセッションとして 6〜8 週間にわたって週に約 200km を走り、さらに私の知る限り最も汗をかくスポーツであるスカッシュスポーツがありました。ウォータースポーツ、ゴルフ、テニスは、少しリラックスできるリラクゼーションタイムでした。

2014 年に私は気候変動のコンセプトを開始し、いくつかのエネルギー会社にアプローチしました。しかし、彼らはベーコンのうじ虫のようなエネルギーを与えられそうになったため、それについて何もすることに興味がありませんでした。なぜそうする必要があるのでしょうか？すべてが大丈夫でした。しかし、なんとなく、物事は長くはうまくいかないのではないかと思っていました。それは今私たちの目の前で見ることができます。そして、予測はさらに暗いです。

2018 年の初めに白血病と診断され、2023 年の初めまで困難な時期を耐えなければならなかったのは残念です。それで私は今、2 回目の骨髄提供を受けて生きています。これは血液が強いものです。

毎月の長い入院期間中に、私は思いを込めてこの本を書き始めました。今、私は自分自身に問いかけます、私が白血病になったのは残念だったでしょうか？正直に言うと、白血病が起こってよかったと思うことがあります。そうでなければ、当時は大変な仕事でしたが、この本は書かれなかったでしょう。このため、親愛なる読者の皆様私たちの目に見える宇宙の世界観が明らかにされました。

には、私のことをご理解いただき、この本を友人や知人にお勧めいただきたいと思います。 それは革命的であり、私は歴史を作ると確信しています。 私たちが住む世界を、現実的でわかりやすい視点で見ることがついに始まります。
私が作り上げたこの世界観は、当然、いかなる批判にも耐えるものでなければなりません。
ほんの少しの疑問があるだけで、それは無人地帯で枯渇するか、次の世界観が登場するまで他の証明されていない理論を常に最新の状態に保ち続けることになります。 いずれにせよ、私たちが現在提供している理論は、海の上にある大きな泡（私たちの現在の世界観）にたとえることができ、少し波が来れば（それが批判の正体です）、泡の外には何も残らないのです。
これまで非常に自己批判的であった私の評価では、この世界観は波の中の岩のように立っています。 科学はこれから私の発言を非常に綿密に調査するでしょう。 それは良いことです、最終的にすべてのナンセンスが私たちの頭から消えます。 しかし、最終的な意見を持っているのは親愛なる読者の皆さんです。 ぜひレビューをお待ちしております。
この世界観の革命的な変化についてここで他に考慮する必要があるのは、コペルニクスが新しい世界観を主張する際に今日抱えているのと同じ問題を 14 世紀に抱えていたということです。 私たちの地球は以前は平らだったため、最終的に丸くなるまでに 200 年かかりました。 今日、私はこの成功を体験したいと思っています。コミュニケーション技術のおかげで、気候変動との戦いで模範を示してくれる皆さんに私は依存しています。 なぜなら、この本は再生可能エネルギーへの道を開くことを目的としているからです。

私たちの目に見える宇宙の世界観が明らかにされました。

**A.) 革命の焦点に関する序文。**

人間性を再考するプロセスは、気候変動に変化をもたらすための組織的な困難につながります。 具体的な合意がないだけだ。 化石燃料の廃止は人類への挑戦です。 気候変動によって引き起こされる激しい嵐の負担が要因であることは明らかです。 読者の皆さん、このプロジェクトに参加していただけます。 組織としての立場を変えるためには、誤った「事実」を排除しなければなりません。 ここで必要とされているのは、世界中で正当化できない規模で行われているように、デモを通じてストライキや暴動を起こすことではなく、むしろ行動を起こすことである。 この文書で自分自身を認識し、自由に思考を巡らせてください。

なぜ核融合炉を地球上でエネルギーを生成するために使用できないのかというと、最初はばかばかしく、科学に対して革命的に聞こえます。 しかし、この声明の信頼性が反論の余地のないものとなるためには、宇宙からこの真実に至る論理的性質の証拠が必要です。

「銀河と太陽系の形成」では、すべての銀河の中心にあるブラックホールがどのようにして生命の誕生を可能にし、それによって私たち自身の物理法則によって地球上でのエネルギー生産のための核融合が妨げられるのかを理解するために、実際のエネルギーの流れを示します。 これは隠れた誤謬によって無視されています。 暗黒エネルギーと暗黒物質も透明で理解できるようになり、基本的な力はおそらく 3 つしかありませんが、4 つの基本的な力を組み合わせてブラック ホールの質量内に対称点を形成することもできます。 銀河世界の公式は、まだ答えのないさまざまな分野で未解決の疑問を明らかにします。 多くの分野の複雑な詳細をこの知識と論理的に結びつけることができ、それが全体像における私たちの世界観に複雑なパズルを生み出し、誰にとっても明らかになります。 本書のすべての記述は、エネルギー保存則を最優先とする枠組みに組み込まれていますが、それは発見が何らかの「疑問」に抵抗する場合に限ります。

わかりやすい例、説明、スケッチにより、銀河内の世界の形成に関する信頼性が得られますが、それは目に見える宇宙に限られます。

異世界創造イメージに対する批判や反論は、詳しく分析すれば溶けていき、出発点がどこであっても解決策は一つしかなく、だからこ私たちの目に見える宇宙の世界観が明らかにされました。

そエネルギーの流れが宇宙の根本的な真実の痕跡を形成しているのである。 どのような自然の力が私たちの宇宙を構築したのかはわかりませんが、細部に至るまでの完璧さは全体的なコンセプトに意味を持っています。 それぞれの量子メンバーにはやるべき仕事があり、その中で最も小さいニュートリノは、銀河や太陽の制御機構において優れた精度を持ち、今でも無知にゴーストニュートリノと呼ばれています。 これらのゴーストニュートリノがなければ生命は発達できません。

21 世紀を根本的に変えた、刺激的で革命的ともいえる説明に備えましょう。 多くの重要な説明は隠れた繰り返しとして何度も現れますが、読むときに誰もがそれを目の前に持っていて、他の章を長く探す必要がないことが重要だと思います。

**B.) 序文 エネルギーの流れ。**

星間物質を使って太陽を形成することはできません。 太陽系のすべての現象を形成できるような能動的なエネルギー変化は存在しません。 （インターネットのエネルギー保存則を参照） 銀河の支配は中心から制御されているので、説明の秘密もそこにあるはずです。

銀河がどのような形で形成されるかは、エネルギー痕跡の変化によってのみ特定できます。 これは、銀河や太陽系の形成はエネルギーの流れの痕跡によってのみ証明できることを意味します。 私たちの原子の世界からの物理的な枠組みの条件は、いかなる形であっても侵されてはなりません。 私の理論では、このエネルギーの流れを詳細に説明し、未解決の疑問が残らないように詳しく説明したいと思います。 唯一の量子の世界は、分析的には決して私たちのもとに到達することができません。

太陽から時々刻々と放出される何十億トンもの物質が、後に SL 質量に認定されます。 銀河放射線と原子物質の形をしたこの質量は、何十億もの太陽風物質から蓄積されます。 この本では、太陽系やその他の現象の形成の全過程をたどっていきます。 たとえば、太陽が崩壊によって物質の雲と星屑から作られたという現在の科学的見解は、まったく信じられないだけでなく、物質の熱力学的状態法則に起因する完全なホーカス・ポーカスでもあります。 ここでは、信じられないほど多くの基本的な物理法則が互いに矛盾しています。 角私たちの目に見える宇宙の世界観が明らかにされました。

運動量、回転速度、180 個の衛星、オールトの雲を含む質量分布、そして時速約 800,000 km の太陽の速度を考えてみてください。 彼らの循環の中で。 すべての太陽系は非常に複雑な時計仕掛けであり、リストされた方位の基本原理がそのまま現れて速度に応じて適応することはできません。これは、理解できるように最小の計算に至るまで徹底的に説明できなければなりません。 天体物理学と宇宙論の未解決の問題は、量子力学の重力圧縮に関する私の理論にパズルのように当てはまります。
そのため、見たいものではなく、見ているものに集中せざるを得なくなります。 ここでも紹介されているこのような世界公式では、空想が素晴らしい温床となっていますが、不可欠なエネルギー法則の違反はタブーです。 これらが 100% 管理されている限り、説明を解釈するときに、すべての物理法則が常に維持され違反していないことが証明できる場合にのみ、反論はプレゼンテーションで意味を持ちます。

**C.) 世界公式の序文。**
世界公式の適切な記述は、私たち人間の前提条件である対称性を生み出すための 4 つの基本的な力を説明しています。 （私の意見では、3 つしかありません。親愛なる読者の皆さん、後で自分で決めてください）。 このハードルを数学的に克服または統合するには、SL 質量からの未知の物質を何らかの方法で認識し、定数との互換性を見つける必要があります。なぜなら、銀河の形成形式は 1 つしか存在せず、出現と出現からしか見ることができないからです。エネルギー葉の変換。 このまだ未知の事柄は、私たち人間によってのみ論理的に特定することができます。 私たちは調査のためにこの問題に近づくことは決してありません。 数式も物理的基礎が壊れてしまうので使えません。 SL 質量内で発生する重力の圧力下で原子殻を圧縮または溶解するのに必要な力を kg/cm3 単位で数学的に計算できなければ別です。

私たちの目に見える宇宙の世界観が明らかにされました。

**D.) 科学的に意図された知的財産に関する著作権。**

Perspektive Universum のこの本のすべての内容は固定されており、ドイツの著作権法の対象となります。 複製、改訂、配布、商業利用には、書籍の著者からの書面によるライセンス契約が必要です。 この書籍の内容のすべてのコピーは、他の言語への翻訳を含め、個人的な使用のみに使用できます。 したがって、コンテンツの商業利用は許可されません。 すべてのコンテンツは作者によってのみ作成されたものであるため、第三者の著作権を考慮する必要はありません。ただし、私の著作権を覆い隠すような通知を見つけた場合は、私に知らせてください。私がまだ知らされていない他の著作権を侵害しないように、それに応じて対応します。 著作権は、この本の出版日までに正式に公開されていないすべての学術思想に適用されます。したがって、この本をユーザーだけでなく他の関係者や読者に渡すには、誰もがこの本の著者からライセンス契約を得る必要があります。 主に量子物理学と一般相対性理論の界面などの説明、核融合炉の永久運動の説明、原子炉が動かなくなることの説明などの内容のスケッチがすべて含まれます。エネルギーを生成します。 著作権に該当するその他すべての開示は、読者の過失によって警告が発生しないように、個別にリストされています。 違反は法的代理人および VG Wort によって起訴され、警告されます。 私のメンバーシップは、著作権法第 7 条にその法的根拠を提供します。 ご迷惑がかからないようにお守りください。 他の人に転送する許可は、書籍または電子書籍を購入するためのリンクとともに与えられ、非常に望まれている場合でも受け入れられます。 また、私の発言に組み込む必要がある既存の正しい科学的知見を除いて、この本には他のメディアからコピーしたものや、他の人の知的知識を引き継いだものは何もないことを保証したいと思います。 ただし、これに対する著作権の主張は行われません。 これは、第三者の著作権がないことを意味します。この観点から、宇宙論で提起されるすべての問題に関連して、作品全体は著者の完全な単独著作権に属します。

私がこのことを特に強調したいのは、何十年にもわたって存在してきた既存の物理的枠組み条件により、全体に信頼できる性格を与えるために、科学研究に関する過去の適切な知識の多くが自動的に私のこの革命的な体質に流入しなければならないからです。 。 これは、私たちの目に見える宇宙の世界観が明らかにされました。

異なる科学分野間の干渉であり、したがって互いに融合します。 量子物理学と相対性理論の間の境界はまだ誰も発見していないため、特定の科学の参照は原子の世界にのみ基づいており、これがリストされているすべての著作権の基礎となります。 私の暴露により、私の意図に反して多くの方々が誹謗中傷されるような描写がなされておりますが、残念ながら私の持論が現実化したものであるため避けられないものであり、ご理解を賜りますようお願いいたします。 ここに記載されている著作権は、次の 10 つの主なトピックに関連しています。 これらの発見にあなたは魅了され、章ごとに謎が深まるにつれて緊張感が高まります。なぜならこれらは、私たちの世界的な科学がまだ未解決の事実として提起する疑問に対する答えだからです。 そこで提供されているインターネット上のすべての著作権を自分で調べることができます。

1. 場の量子論と一般相対性理論の境界面をもつエネルギー保存則に基づく銀河世界公式。
2. ダークエネルギーを明らかにする。
3. 太陽系の形成の始まりから予想される終わりまで。
4. 核融合再生は地球上では機能しないこと。
5. 暗黒物質とその存在理由の説明。
6. 4 つの基本力の代わりに 3 つの基本力を主張する。
7. 空間拡張の否定。
8. オールトの雲の最初から最後までの形成。
9. スケッチで示された効率的な気候変動の概念。
10. 太陽が誤差解析の対象であることを示す結果。

弁護士は著作権保護に対する私の権利を強化する責任があります
Richard Wachmann Neue Bahnhofstrasse 2、10245 ベルリン、ドイツ
電話 +049 30 3039840 電子メール：Wachmann@fachkanzlei-socialrecht.de
いつでもライセンス契約の交渉やアドバイスを提供します。
または直接：www.perspektive-universum.com

私たちの目に見える宇宙の世界観が明らかにされました。

**1.) 大まかな概要。**

このモデルによれば、宇宙に見えるすべてのものはビッグバンによって創造されたわけではないことがわかります。 そうでなければ、今日ハッブル、ケプラー、ジェームズ・ウェッブなどの望遠鏡やESA/ユークリッドの最新の望遠鏡を通してはっきりと見ることができる宇宙のエネルギーの流れは示されないでしょう。

一般相対性理論の標準モデルは、太陽系で進化した原子殻の世界にのみ適用できます。 量子の世界は区別された方法で見られるべきであり、それは宇宙全体の 99.9999%の質量であり、SL 質量、太陽核、中性子星、クェーサーなどに位置しています。太陽以外の惑星の質量は原子質量の約 0.0001% ですが、SL の質量には信じられないほどの量の物質が含まれているため、おそらくさらに小さいと考えられます。 ここで説明する圧縮物質の世界は、想像することはできますが、その全体（SL 質量または太陽核）を実験室で調べることはできません。 完全に圧縮された状態の完全な素粒子の世界です。 私たちの科学の目的は 2 つの世界を結び付けることであり、私は量子力学の重力圧縮の説明によってこれに成功しました。 この言葉の組み合わせに、目に見える世界観について同様の理論がまだ存在しないことから、このように名付けました。 論理的なステップを踏むことで、私たちの目に見える宇宙にあるすべての未解決の質問が解決策につながり、パズル全体が世界の公式モデルとして誰にでも明確かつわかりやすく提示されます。 まったく異なる視点が現れ、時空湾曲に対するアルバート・アインシュタインの根深い真っ白な嘘さえ明らかになり、最終的には新たな発見に道を譲り、わかりやすい方法で認識できるようになります。 いくつかの誤診のうちの 1 つは、地球の存続にとって不可欠なものです。核融合物理学者の頑固な抵抗により、誤診が私たち人類に長く付きまとわないことを願っています。核融合炉を利用して将来に向けて高レベルのエネルギーを生成しようとする試みを指します。

太陽系の形成過程を通じて、太陽の正しい一次エネルギーが明らかになったため、地球上では核融合炉が機能しないのです。ここでは、核融合炉の永久運動を最終的に止めるための私たちの科学が公式に認められていません。 、そのため、3 桁の補助金で数十年にわたっ私たちの目に見える宇宙の世界観が明らかにされました。

て構築されてきた幻想が失われ、数十億の金額が埋もれる可能性があります。
そうすれば、再生可能エネルギーに全額投資することができ、最終的に気候変動を緩和することができます。

**2.)** 結合エネルギーの基本要件。
銀河の形成に関する世界公式を理解するには、結合エネルギーが最も重要な前提条件の 1 つです。 結合エネルギーは、代謝プロセスや日々の気象条件など、日常の化学プロセスに隠されています。 原子力発電所では、ウランの結合エネルギーは少量しか放出されず、強い核力によって結合エネルギーの一部が放出されることがわかります。 これは、電子を伴うすべての原子核には、例として MeV で測定される特定の結合エネルギーがあることを意味します。 (MeV=メガエレクトリックボルト/原子核)。私たちの世界、私たちが触れることのできるもの、飛行できるものはすべて原子でできています。私たちは核の世界に住んでいます。私たちの太陽は、他のすべての太陽と同様に、原子の側面しか見せませんが、SL 質量を見た人はまだ誰もいません。なぜなら、そこからは光放射が放出されず、核融合によっても光が生成されないからです。 しかし、中性子星やマグネターが私たちに見える場合、それは非原子物質であり、中性子と陽子の残留圧縮にすぎず、SL 質量の物質が核内にあり、何らかの理由で核融合が起こっています。表面に向かって終了しました。 このような中性子星はもともと、異常の犠牲となった太陽であったのかもしれないし、銀河全体を形成するカオス理論の過程を通じて存在する権利を持っていたのかもしれない。 これらの重い天体は過剰な重力を持っていることがよく知られています。 今日以来、それらは既存の太陽の残骸であると考えられています。 たとえ以前に太陽がなかったとしても、これらの現象は何らかの理由で生じたに違いありません。 これですべてクリアされます。
たとえば、ここで結合エネルギーが初めて説明されます。 プロセスの変革は確実に起こっています。 結合エネルギーステップが中断されました。 何が起こったのでしょうか？どうしてそんなことが可能なのでしょうか？ 結合エネルギーは常に外部から影響を与えるエネルギーと関係があります。 各結合エネルギーには、それ以上の結合私たちの目に見える宇宙の世界観が明らかにされました。

エネルギー ステップを有効にできなくなるまで、超過できる分解能限界があります。 原子爆弾が爆発すると、この結合エネルギーは存在しなくなります。 これは、すべての Quark ファミリが無料になるレベルへの SL マスの究極のステップです。 この濃度では、クォーク族の物質 1 cm3 の重さは少なくとも 90 兆トンで、放出されるすべての電子の磁力線の強さは 1020 テスラ以上に達します。地球上では、水素、窒素、酸素 (その他多数) などのさまざまなガスを圧縮できます。 そして、圧縮された液体の塊には、これらのガスが圧縮されるエネルギーの大部分が含まれています。 結合エネルギーは非常に弱いレベルで生成されました。 満水のダムの水の圧力は、発電のための結合エネルギーとも言えます。 地球の重力が海から 10,000 メートルの深さにある場合、圧力は 1,000 バールになります。これも束縛エネルギーです。 私たちの大気でも、海面では約 1 バールの圧力が発生します。最後の例の 1,000 バールでは、地球の重力によって気体が簡単に液体に圧縮される可能性があります。 その後、結合エネルギーにさらに一歩踏み込むためには、液体または固体の材料を圧縮する必要があります。 私たちの世界は原子の質量で構成されているため、ここで固体材料を圧縮することは不可能です。圧力に対するエネルギーが得られたとしても、逆圧力に耐える材料自体が存在しません。 これは純粋に論理的な理論です。すべては、このステップが SL 質量内で可能であることを示しており、エネルギーの流れを伴う多くの実証的な宇宙の例で理解できるように、すべてが機能します。 次の章では、よく理解できるように、さまざまな結合エネルギー ステップについて説明します。4 つの基本的な力には基本的な相互作用があります。 重力、電磁力、弱い核力と強い核力。 原子の世界では、4 つの基本的な力がすべて確実に作用します。 ただし、SL の質量には重力と電磁力のみが存在します。原子殻のサイズは重力によって相殺され、したがってもはや存在しません。 しかし、クォーク族にはいわゆる重力子の証拠がまだ発見されていないため、この重力子の発見の失敗は、基本的な電磁力がこれに関与していることを示唆しています。 それについては後で詳しく説明します。 SL 質量のこの結合エネルギーは、2 つのブラック ホールの衝突の結果として数兆個の太陽が形成されるまで待機し、その後太陽の原子に私たちの目に見える宇宙の世界観が明らかにされました。

戻ります。 それが SL マスの解決効果でしょう。 最初の結合エネルギーステップでは何が起こるでしょうか? 原子、つまり（溶解しつつある）原子殻の世界から核子の世界へ。 後の説明では、このステップを A1 ～ N1 と呼びます。 高度 10 億 km の物質圧力では、この結合エネルギー段階が達成される可能性があります。 おそらく遅かれ早かれ、10 億キロメートルは非常に小さいので、後で気づくでしょう。 SL 質量の 2 番目の結合エネルギー ステップは、核子レベルから核子内に位置するクォークまでです。 このステップを N1 ～ Q1 と呼びます。 このステップは、次の 10 億から 10 兆 km 以内に達成されるでしょう。 ここでも、おそらく遅いか早いかもしれません。したがって、Q1 は、いわゆるブラック ホールの SL 質量の主要な物質であり、もはやホールとの共通点は何もなく、まったく逆の高度に圧縮された物質です。原子殻が A1 から N1 に溶解すると、弱い核力が結合エネルギー N1 に蓄えられます。 N1 から Q1 までは強力な核力ですが、これら 2 つはもはや SL 質量には存在しません。 より多くの物質が認定されることによってのみ、電磁力は重力とともに増大します。 (詳細は不明事項を参照)フィードバック中に、衝突により太陽が SL の質量から離れると、それまで高かった重力が失われ、結合エネルギーが発達する可能性があります。 最初に解放される結合エネルギーのステップは、Q2 to N2 と呼ばれます。 次に私たちが見ることができるのは最後の N2 から A2 で、これが初期の非常に暑い環境で太陽系がどのように形成されたのかを示しています。 （ここでも、太陽系形成中のすべてのもの）。

混同しないでください: SL マスの圧縮プロセス = A1 から N1、次に N1 から Q1。 これは、物質が SL の塊に吸収されるプロセスです。減圧プロセスは、いつものように太陽の下、つまり太陽が輝いているときに行います。 = 私たちの原子の世界では、Q2 から N2、そして N2 から A2

私たちの目に見える宇宙の世界観が明らかにされました。

スケッチ: 1 結合エネルギー 。

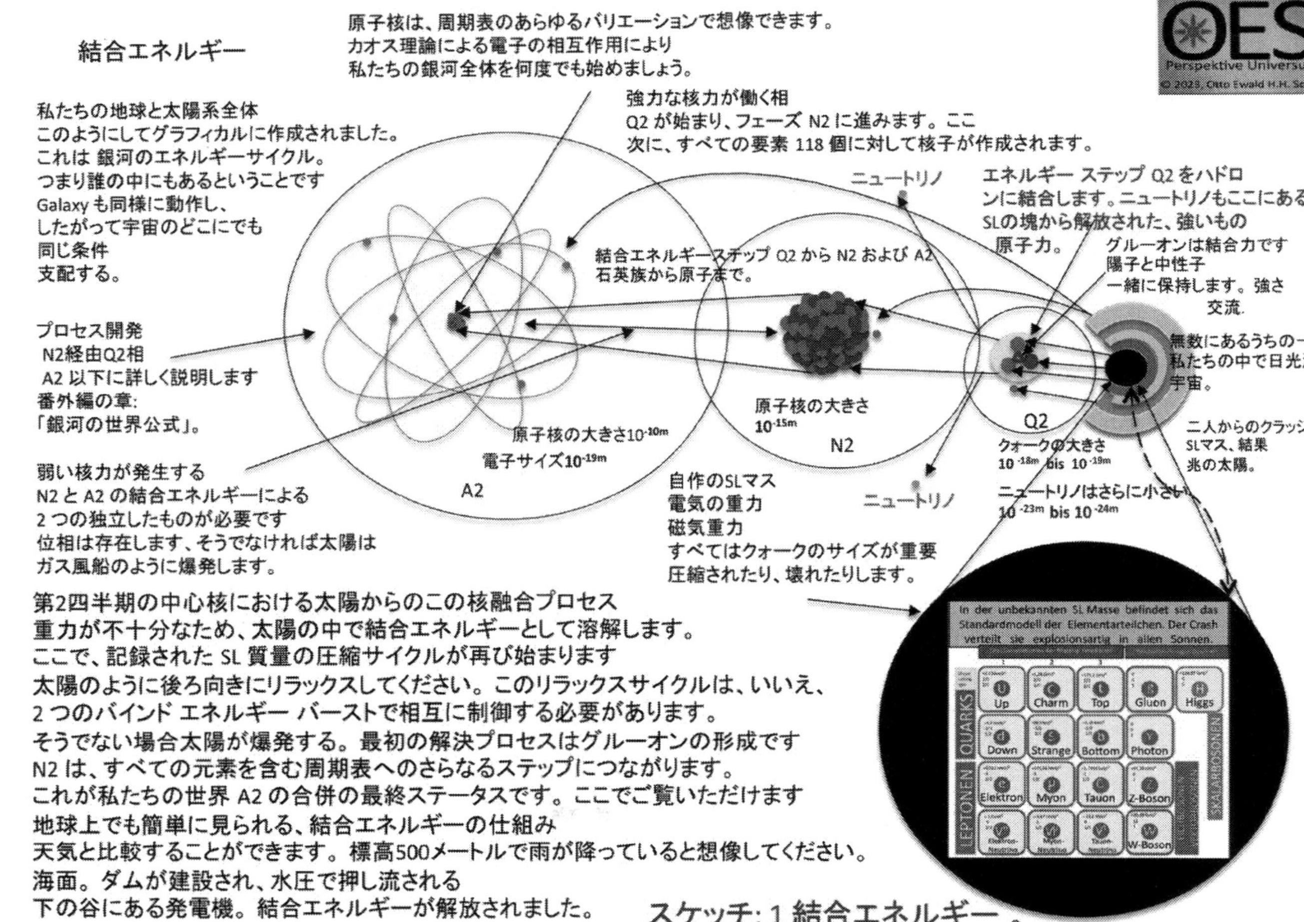

私たちの目に見える宇宙の世界観が明らかにされました。

**3.) 物理的なフレームワークの条件。**

ここで、私が物理法則に従って移動する、また移動しなければならない枠組みの条件について具体的に述べます。 でも、絶対に忘れてはいけないことが一つあります！ 世界が誕生したのは遠い昔、私たち人間がまだ基本的な数学的および物理法則を持っていなかった頃ですが、銀河はすでに完璧に機能しており、それがどれくらいの期間続くのかは誰にもわかりません。 複雑な単語、表現、考えられる標準モデル、仮説、空想はすべて、長い間議論に矛盾したアイデアをもたらしてきました。 特に未解決の質問。 宇宙論はどういうわけか袋小路や危機に陥っているとも言えます; 宇宙にあるものは私たちの望遠鏡を通して見ることができますが、そこからビッグバン理論と標準模型との具体的なつながりは見つかりません。 ここにはまだ分かっていない未知物質 SL 質量も含まれなければなりません。 その他の例 バージョンはさまざまなカテゴリーで利用可能であり、どれも混乱を招いていますが、この本のように全体のエネルギーの流れを追跡し、それを詳細に説明できれば、宇宙で起こっていることの機能は比較的単純です。 銀河の形成に関する表現的な世界観は、すべての質問に対して明確な答えが期待できるように、明確に考慮される必要があります。 重力エネルギーの定義不可能性は、多くの世界観理論において理解できないレベルにつながります。 多くのドキュメンタリーでよく耳にしますが、ニュートリノは空飛ぶ幽霊と呼ばれています。 私はこのニュートリノの存在理由を発見しました。ニュートリノは幽霊ではなく、太陽系の存在において私たち人間にとって何らかの役割を果たしているのです。

**3.1.) 量子力学のフレームワーク条件の重力圧縮。**

一般的な量子力学には、重力エネルギーが適応できるようにするための指針しかありませんが、SL 質量という未知の物質で収縮する物質の圧縮 (前述) に対するエネルギー定数はありません。 私はこれを量子力学の重力圧縮と呼んでいます。 この点について、私たちの科学は証拠を通じてより明確な解明を求められるべきです。 基本的な洞察を促すアイデアが最初のステップです。 親愛なる読者の皆さんも、研究にアイデアのレーザー光線を当てることに参加できます。 SL 質量では、以前にエネルギー的に消費された原子物質が圧縮され、太陽の核の一次エネルギーを介して太陽を通って私たちの世界に戻り、原子殻形式を形成します。 この減圧へのステップは、おそらく 2 つの SL 塊の衝突から出現した太陽核の秘密です。 すべての銀河は独立して機能していますが、閉じた系ではなく、私たちの目に見える宇宙の世界観が明らかにされました。

エネルギーはある銀河から他の銀河に伝わる可能性があると言えます。これは、既存の小さな銀河や、銀河の外側にある非常に自由な個別の太陽の存在からもわかります。 SL の質量、つまり暗黒物質は、銀河の間を目に見えない形で動き回っており、全銀河の 20 ～ 30% (あるいはそれ以上?) を占める可能性があります。 答えは暗黒物質の説明の中にあります。

**3.2.) 銀河における世界公式の枠組み条件。**

この世界公式を使えば、太陽系の形成と同じように、銀河の一生を理解することができます。 そうすることで、原子力世界における遵守のために我々が要求する枠組み条件は違反されないままになる。 私の意見では、この銀河の満ち引きは何兆年以上も続いているので、おそらく 200 億光年先の将来まで、私たちの周りの世界がどのように機能するかに満足する必要があります。 ある時点で、非常に多くの銀河が銀河からの入射光の可視性を覆い隠し、最終的には究極の望遠鏡ですら明確な隙間を見つけることができなくなるでしょう。赤色光シフトの振幅も距離によって自動的にキャンセルされます。 その問題がどこから来たのかという問題は尋ねるべきではありません。 空間の大きさの問題もタブーです。 私たちの進化の時代において、これに対する具体的な答えはまだありません。 しかし、私たちはゆっくりと出口を模索しており、それはおそらく私の説明のどこかで終わるでしょう。 光波による振幅解析以外の方法は知りません。 しかし、同じことが私たちのすぐ近くで起こっているのに、これを見て何の役に立つでしょうか？ どこでも同じゲームなので、玄関の外を見るだけで済みます。

世界公式の期待は主に質量の始まり、つまり最初のクォーク族のメンバー、これらの素粒子がいつ、どこで、どのように発生したのかに関係しています。 もし彼らがそこにいたとしたら、彼らはどこから来たのでしょうか? エネルギー、時間、空間は質量から生じますが、その質量がどこから来るのかというと、透明ではあるがその向こうには何も見えない見えない壁が現れます。

私はしばらくの間、信じられないほど高い電子濃度（非常に非常に高い磁力）によってクォーク族のメンバーが無から形成できるのではないかと疑問に思っていました。なぜなら、電子の能力は電子の動きであり、その動きはどこにも止まらないからです。 原子の世界でも暗黒物質でも。 つまり、電子のエネルギーはどこから来るのでしょうか? なぜ彼らはいつも動いているのでしょうか？ 動揺か緊張か？

私たちの目に見える宇宙の世界観が明らかにされました。

**4.) 世界公式のアイデアはどのようにして生まれたのですか?**

世界公式に関するアイデアの閃きは比較的早く発展し、エネルギー保存の法則を考える際に懸念は生じませんでした。 したがって、銀河のエネルギーの流れは、太陽の一次エネルギー（現在は水素）からの誤差分析は、エネルギーを生成する地球上の核融合炉のテストには実装できないという証拠を提供することになる。 このように、核融合炉技術は、私たちの非常に時代遅れの科学（50 年以上前）によって、深く考えずに誤って組織化されたものでした。 このエネルギー生産の幻想を最終的に放棄するには、根本的な証拠が必要となるでしょう。 この核融合の幽霊に関する研究はここで 50 年以上行われており、成功したのも不思議ではありませんね。 太陽からの光スペクトルから、高い割合の水素を含む核融合プロセスが関与していると結論付けるのは正しいです。 しかし、太陽コロナがある彩層までの外殻は大まかにしか推定できません。 核融合は太陽の光のスペクトルから結論付けることができますが、太陽の核は依然として不可侵の秘密であることが保証されています。 太陽は水素でできていると誰もが思っているので、「泡」とだけ言っておきます。 隠された秘密の宝物を調査し、内部で実際に何が起こっているのかを確認できるようにするために、LHC はニュートリノ分析 (カトリン ニュートリノスケール) による推測に利用できます。 これにより、太陽の核の一次エネルギーの誤差分析が明らかになる可能性があります。 それまで、私個人に残されているのは、太陽が数十億年にわたって絶えず放出し続けているエネルギーを、対応する温度を伴うさまざまな集合状態で追跡することだけです。 もしここにエネルギーの循環がなかったら、私の考えは間違っており、ここに書かれているものは全く存在しなかったでしょう。このことから、最終的には太陽からのエネルギー放出と SL 質量でのエネルギー吸収が期待されるという論理になります。 このことから、さまざまな発展段階にある銀河を含む宇宙は現在、観測によって機能しているという論理が生まれます。 これはまさに、この本で証明するために私がさまざまな焦点を当てた分野で明らかにしたことです。

**5.) スペイン: 銀河規模で見るとより理解が深まります。**

ほぼ実物の直径が約 1000 km であるスペインの原寸大の例は、私たちのような銀河や宇宙全体の天文学的な大きさの中で暮らすのに理想的であり、現実には見ているものの、適切な想像力を養うことはできません。サイズ的には。

私たちの目に見える宇宙の世界観が明らかにされました。

これにより、私たちの想像力がこれをより適切に処理して、実際に天の川銀河を視覚化し、侵入できることがはるかに明確になります。 縮尺すると 100,000 光年となり、直径 1,000 km に相当します。 この場合、カイパーベルトまで測定した太陽系は、直径約 15 mm の小さなひよこ豆ほどの大きさしかありません。 地球は太陽からわずか約 0.158mm の距離にあり、最も近い恒星 (ケンタウリ座アルファ星) はほぼ 43 メートル離れています。 これらの距離だけでも、太陽系が太陽から出現したことを示しています。 速度やその他の詳細は、後の説明でこの主張を補強します。
首都マドリードというと中心部のどこかに SL の塊があると想像しますが、この塊はどれくらいの大きさなのでしょうか? 誰も知らない! それらを測定することはできません。 あなたはそれを知っていますか? 何を想像できますか? まだ誰も彼女を見たことがありません。 それは、軌道を回る太陽の認定を通じて、あらゆる銀河に隠されたままです。
すでに起こっている銀河内で SL 質量が観測された場合、それは非常に小さな口径のものとなり、私たちの SL 質量の中心にあるものとは比較できません。 ここでは、いくつかの太陽が、SL 質量としてのみ識別できるものの周りを比較的速く回転します。 これはまた真実であり、それは私たちのような、あるいはそれ以上の大きな銀河の長い寿命の終わりだからです。
SL マスの考えられる例の直径として、マドリードのダウンタウンから 5 メートルを想定します。 つまり、直径約 25 km の大都市マドリッドの小さな一部です。 上空約 100km から上空から 5 メートルの距離を見ることはできませんが、スペイン全体では他の銀河と同様に見ることができます。 スペインのスケールでは直径が 5 メートルなので、実際には直径約 6 光月に相当します。 SL の質量は信じられないほど大きくなければならないことがわかります。5 メートル増やしてもまだ小さいからです。 この高さからスペインを眺めると、この 5 メートルは極小点にしか見えません。 直径 20cm のコンピュータディスプレイでスペインを見るとさらに鮮明になるだろう。 この場合、この SL 質量は中央で 5 メートルになり、直径は 0.001mm になります。 このピクセルはコンピューター上には表示されません。 しかし実際には、太陽の直径が 140 万 km であることを考慮すると、この体積に収まる太陽質量は約 40 兆個あり、これは太陽全体の実際の質量に相当しません。 これは壮観であり、このような SL マスの規模からは想像を絶するものです。

私たちの目に見える宇宙の世界観が明らかにされました。

これで、このスケールの例が現実の驚くべき現実をどのように伝えているかがわかりました。
私たちの太陽は SL 質量の周りを回るのに約 2 億 5,000 万年かかるため、銀河の回転は静止銀河として計算することでよりよく想像できます。
私たちの太陽系としての小さなひよこ豆が、コルドバ市のどこかのテーブルに置かれた A4 の紙の上にあると想像してみましょう。 銀河の中心に対する太陽の相対速度は約 800,000km/h で、マドリッドのどこかにある SL 質量までの距離は約 270km 離れています。 この場合、DIN A4 シート上のひよこ豆は 1 年で約 6.78mm、または 1 か月で 0.56mm、1 週間で 0.13mm 前進することになります。 それは、1000km の銀河サイズのスケール距離になります。 さて、もし私たちの銀河系のすべての太陽がほぼ同じ速度で動いているとしたら（小さな例外を除いて、実際にはそうなっているのですが）、星座は目に見えないほど同じままであり、コンピュータシミュレーションでよく示されるような銀河の回転は偽物であり、現実と一致しません。 ニュートリノはそれに応じて太陽間の距離を調整します。 また、シミュレーション用のソフトウェアは現実に基づいていないものに基づいて作成されています。ここに欠けているのは暗黒エネルギーの力だけではありません。 これは、ソフトウェアのシミュレーション計算にダーク エネルギーを「ゴースト ニュートリノ」として含める必要があることを意味します。これについては後で詳しく説明します。 これらの考慮事項では、これを考慮する必要があり、混乱をさらに増やさないようにする必要があります。
これはさらなる研究への出発点として袋小路への扉を開き、宇宙論の多くの未解決の疑問に答えるために他の方法は見つかりません。 これはアルバート・アインシュタインにも起こり、重力のための時空の曲率を発明しました。 この説明も後ほど。
今、私たちが観測できる宇宙に目を向けると、スペインほどの大きさの銀河を考えると、太陽までほぼずっと見ることができ、10,000 km から 50,000 km ごとに銀河があらゆる方向に広がっています。 この大きさを比較すると、再び薄暗くてわかりにくくなることに気づきますが、1 億 5,000 万 km という距離はやはり私たちにとって想像するのが難しいため、ここで概要を把握するための透明度はほとんどありません。
私たちの目に見える宇宙についてよりよく理解するには、縮尺を再度縮小することが有利です。 天の川を CD サイズ、つまり直径約 10～12cm に縮小します。 すると、私たちの隣の銀河であるアンドロメダ星私たちの目に見える宇宙の世界観が明らかにされました。

雲は、私たちの CD から約 2.5 メートル離れたところに移動することになります。 銀河は宇宙のあらゆる方向にさまざまな距離で分布しており、大きさも 3 ～ 4 cm の小さな銀河から 1 メートル近くまであります。したがって、入ってくる光波の振幅の赤方偏移による瞬間的な視程は、約 14 ～ 15 km の距離にあると推定されます。 1Km に相当します
10 億光年。 重力と反重力 (ニュートリノ放出) によって、密度の高い銀河からそれほど密度の低い銀河までの構造、つまり凝集体が形成されています。 一部の領域には銀河が存在しない可能性がありますが、暗黒物質が疑われる可能性、またはこの領域から入ってくる光波が観測期間中の現時点で他の SL の質量、つまり暗黒物質によって隠されている可能性がありますが、おそらくその可能性は低いでしょう。しかし、除外することはできません。 おそらく両方が互いに融合し、その結果が現在私たちに提供されているような宇宙の構造となるでしょう。 残された銀河構造の痕跡は、確かに数え切れないほど古いものです。 なぜなら、あらゆるものに対するビッグバンのように、たった一撃が想像力を小さくしてしまうからです。
目に見える宇宙の大きさの比率を見てください。
では、どうしてそのようなことを信じることができるのでしょうか?
スケッチを参照してください: 空間の拡張。

**6.) 宇宙全体の秘密を明らかにする。**

まるで深海からのように突然表面に現れる秘密により、信憑性も高まり、すべての銀河のネットワークの中で私たちの銀河がどのように機能しているのかが容易に理解できます。 太陽の機能に関するこの現象の真相に到達するには、宇宙へさらに一歩を踏み出す必要があります。エネルギーは (太陽の中で) 放出され、溶解して元の場所 (SL 質量内) に戻り、重力によって再び充電されるため、後で再び放電を行うことができます。 これがエネルギー保存の法則を受け入れる方法であり、そうでない場合は受け入れられなければなりません。 時間の経過とともに溶解するプロセスにより、地球上に生命が誕生します。 ここでは非常に簡単に説明していますが、非常に複雑なプロセスです。 このサイクルは、宇宙またはすべての銀河間の生命です。 これについては、各章で詳しく説明します。

私たちの目に見える宇宙の世界観が明らかにされました。

スケッチ：2 スケール ユニバース。

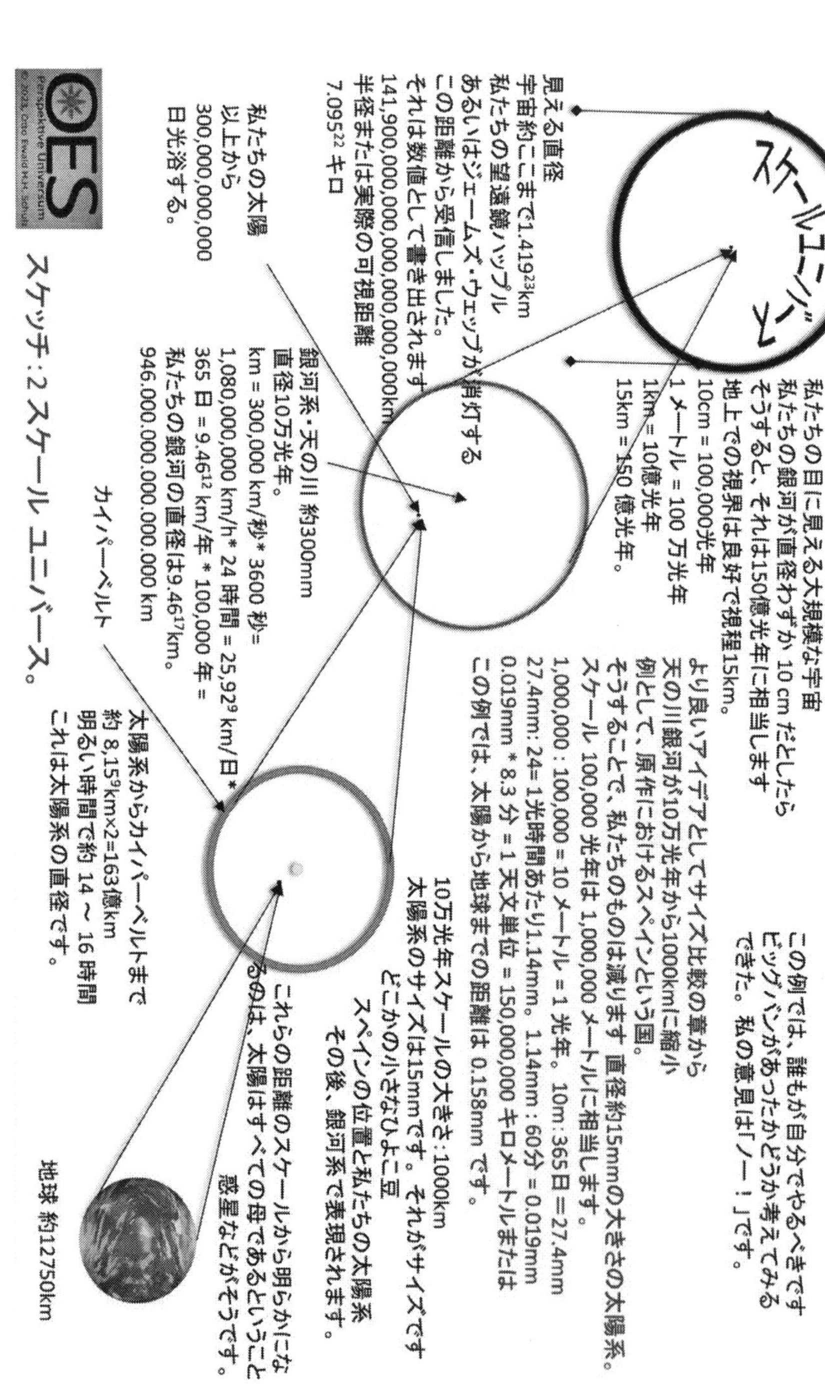

私たちの目に見える宇宙の世界観が明らかにされました。

**6.1.)** なぜビッグバンは宇宙のあらゆるものにとって誤診なのでしょうか?

世界中に広く普及しているこの科学的知識は、数千年前、地球を真ん中に置く天動説の世界観がまだ私たちの地球に存在していたときと同じように、私の論理的推論の犠牲になっています。 16 世紀頃には地動説の世界観がより良くなったおかげで理解できるようになりました。 今日に至るまで、いわゆるビッグバンは私たちの世界観にその痕跡を残しています。 このままではいけないので改修が必要です。 親愛なる読者の皆さんは、私の他の宇宙からの啓示と同様に、私の議論を自分で評価して、自分の意見を形成することができるでしょう。 これを行うには、まず目に見える宇宙のサイズを想像します。これは、ほんの数ステップですぐに自分で計算できます。 大きさが 10 万光年ある私たちの銀河は、10 センチメートルのスケールであると仮定されています。 今できるのは 150 億から 200 億くらいでしょうか? 宇宙の遥か光年先を眺めるか、光 (光子パケット) を受け取ります。 これは、縮尺どおりの約 15 ～ 20km の距離となり、理論的には、見通しの良い山の 1 点から全方向を見ることができます。 それは宇宙が終わりを迎えた頃だと思いますか? すべてがこれが事実ではないことを示唆しています。なぜなら、もしそうなら、人はそれを地球中心の世界観と比較することができますが、それは間違いなく間違っています。 そうなると、ビッグバン理論は別の誤謬にさらされることになります。 科学ではビッグバンがあったため、宇宙は膨張していると考えられており、これは数学的に証明されており、ノーベル賞も受賞しています。 （それは本当ですよね？） ただし、この計算はパーセクのオーダーで測定されました。 したがって、1 パーセクは約 3.2 光年です。 さて、直径 10 cm の銀河のスケールでは、1 パーセクは約 0.0032mm になります。宇宙ははるかに大きいため、このパーセクの大きさを 15 ～ 20km 以上と比較して想像してみてください。 したがって、約 64,000$^3$km の体積を 0.33mm$^3$ の体積とする正当化が行われ、これは 100,000 光年を 10cm に換算します。 私の意見では、この空間膨張の計算に関与するエネルギーは 1 つだけであり、それは「幽霊のような」ニュートリノとの相互作用ですが、これは私たちの宇宙科学ではまだ知られていません。 この自然に備わった超インテリジェントな作業方法は、驚異的で素晴らしいとは絶対に言い表せません。 したがって、相互に膨張するこれらの太陽は、この現象の影響を受けます。 銀河はまた、この暗黒エネルギーを介してこのように相互に反応しますが、これは現在科学的には知られていません。 これは、ビッグバンが存在し得なかったことのさらなる証拠です。 なぜ私たちの目に見える宇宙の世界観が明らかにされました。

なら、これらのニュートリノに暗黒エネルギーがなかったら、私たちはまったく存在していないはずであり、今日の世界観の原則によれば、宇宙はとっくの昔に「ただの重力」によって巨大な物質の球に固まってしまっているはずだからです。 なぜなら、太陽の核融合段階にのみ存在するこの反重力を通して、機能の新しい世界観が明確かつ明確に明らかにされるからです。 さあ、これらすべての変数を、そのエネルギーとともに想像してみてください。そうすれば、あなたも間違いなく私の意見に共感してくれるでしょう。 これは、数兆個以上の銀河間の構造にもつながります。 このような構造は突然のビッグバンから生じるものではなく、数兆年以上の過去の痕跡です。
この本で説明されているような仮定の発言が、今日あなたを危険にさらすことはもうないことを神に感謝します。 このような摩擦による損失は、私たちの複雑な世界のあらゆる変化によって悪影響を受ける人々に必ず発生します。 この場合、核融合技術において世界中で活用されているのは高度な工学技術です。 ここでは幻想のために何十億ものお金が無駄にされています。

**6.2.) 私たちは何回存在しましたか?**
その結果、明確な関係が生まれます。 宇宙の終焉に対する考え方は、私たち人間には見えません。 私たち人間が宇宙のすべての自然とともにどれだけ存在してきたかということは、実際にはその成分の問題にのみ帰着します。適切なアイデンティティがあれば、私たちのような他の太陽系が何兆個も発展した可能性があります。 この章を読んだ後、誰もが自分自身でこれを想像することができます。 しかし、私たち人間が何回存在したか知りたいと思います。 いずれにせよ、宇宙は、数字で表すことができれば、1兆年以上にわたって機能し続けています。 私たちが現在科学を通じて想像しているすべてのもののビッグバン、つまり何もないところからすべてが誕生するということは、純粋なファンタジーや魔法のように聞こえます。それを信じる人は、私たちのさまざまな宗教のいずれかに加わった方がよいでしょう。そうすれば、彼らはそれについて考える必要はありませんもう。

**6.3.) 背景放射線、マイクロ波、重力波。**
背景放射線または重力波は存在することが保証されており、否定することはできませんが、背景放射線は私たちの銀河またはその周辺地域からのものであり、それは私たちが見ることができる実際の宇宙と比較する私たちの目に見える宇宙の世界観が明らかにされました。

と非常に小さいです。宇宙はおそらく100万未満以上です。倍大きいですが、それをすでに知っている人はいますか？ 重力波も同様で、あらゆる方向から到来し、干渉し、正確な位置特定はおそらくまったく不可能です。 何らかの計算が発生すると、その計算は常に高いエラー率に非常に近くなります。 原則として、すべての研究者はビッグバンが起こると想定しており、その後、狂った発言で文句も言わずに消滅します。 小学校で間違った基本を学んだ場合、他にどのように反応すればよいでしょうか。 言ってるだけ; それはおそらく人類史上最大の災害です。

**6.4.) 天の川の始まりは約138億年前?**

もう一度、私たちの銀河を約10 ～ 12cmの大きなCDとして想像すると、先ほど述べたように、入射光波の赤方偏移とその赤方偏移により、望遠鏡での視野の幅は約14 ～ 15kmになります。宇宙の関連するすべての方向。 わかりやすいビジュアルワードを使用すると、1兆枚を超えるCD (最大1メートルのサイズ) を、互いに0.1 ～ 5メートルの間隔で全方向に配布できます。 個々の銀河の機能段階が異なることから、138億年前のビッグバン全体ですべてが同時に始まったわけではないことが明らかになります。 暗黒物質だけがこの秘密を明らかにします。なぜなら、暗黒物質は300億年以上 (銀河の大きさによってはそれ以上) 前に誕生し、今では目に見えないSL塊として終わりを迎えた崩壊した銀河にすぎないからです。再び別のSLマスで。 そうして初めて、SLの集団はお互いを認識し、再びお互いに向かって突進することができます。 これは魅力的なテクニックであり、非常にわかりやすく説明されています。

**6.5.) 理論 - 50年ごとに集中力が向上する?**

現在のテクノロジーにより、人類は300年前には想像できなかったレベルに到達しました。 これらの世界創造理論により、宇宙全体にビッグバンが起こるはずがないことがわかっています。私の指示によると、多くの科学理論は否定することしかできません。 さらに良いのは、あなたが新たな一歩を踏み出すことができるように、まずそれを完全に学ぶこと、つまり多くの人の心からそれを消去することです。 たとえあと50年は同じことが起こらなかったとしても、進歩は決して止まることはありません。 真実と戦う価値はない。 これに反対するのはまったく無意味です。このようなことは過去数百年にわたって何度も起こっており、おそらく現在も将来も起こり続けるでしょう。 大衆は学ぶことが非常に難しいと感じています。

私たちの目に見える宇宙の世界観が明らかにされました。

**7.) 不明な事項。 (SL 質量=ブラックホール)。**

私たちの原子の世界で原子殻を見てみると、どんな物質も結合した原子殻で構成されており、その物質の性質は主に陽子と中性子の原子核に依存し、電子がその混合物をさらに洗練していることがわかります。 弱い核力が原子殻を結合します。

SL の質量の高い重力を正当化するために、SL の質量による圧縮があったに違いないと主張することができます。 水素が宇宙の基本物質である場合、そのような重力は水素から発生することはできません。 たとえば、マグネターでは、高重力の原因となる強い磁力線の流れについて十分な説明がありません。 例をさらに検討すると、同じ結果が得られます。

私の説明では、2 つの結合エネルギーがもっともらしく説明されています。一方では償還フェーズ、他方では解放フェーズについて説明します。 つまり、1 つは圧縮ステージに入り、もう 1 つは再び圧縮ステージから出ます。

圧縮段階に入ります。これは、原子素物質が SL 質量に到達したときの SL 質量内の状態です。 （この原子物質だけが私たちに知られています）それは太陽系からの生命期、そしてその後太陽による太陽系の破壊を経て、燃える太陽から生じます。 減圧段階、つまり圧縮された物質が原子物質に戻る段階。 これはまさに太陽の中で起こっていることです。 混乱のないように、原子殻の原子界から核子 N1 までの圧縮における 1 番目の結合エネルギーを明確に A1 と呼びます。 核子 N1 から対称クォーク族物質状態への圧縮段階では、第 2 の結合エネルギーは Q1 とも呼ばれます。 これは、物質という用語が依然として適用される場合、信じられないほどの量の圧縮された物質を含む、全体としての SL 質量でもあります。 第 2 段階では、グルーオンを結合している強力な核力が溶解されました。 N1 から Q1 への移行段階で、SL 問題の深さを考慮する必要があります。 この地点はおそらく、地表から深さまで数十億 km のどこかで発生するでしょう。 電子の比率をどのように評価すべきかはまだ推測の余地があります。

2 つの SL 塊の衝突では、この圧縮状態は再び逆転し、兆個を超える個々の塊 (個々の太陽) に粉砕されます。 ここで、減圧段階において、クォーク族から核子 N2 への 1 番目の結合エネルギーを Q2 として記述し、核子 N2 から原子世界への 2 番目の結合エネルギーを A2 として記述します。

この未知の事柄の説明は、最初は確かにわかりにくいので、リソースを使用して説明したいと思います。そんな SL の塊を実感するには、現実のスペインという国を想像してみるのが一番です。 直径 25km の大都市マドリッドは、直径 20cm のコンピュータの Google マップ画面では 5mm に見えます。 したがって、5mm は 25Km に相当し、5 メートルは 0.001mm に相当します。 ここで、この 5 メートルをマドリッド大都市にある SL 塊の直径として想像すると、この SL 塊の実際の直径は約 6 光月、つまりキロメートルで測定すると約 $4.5^{12}$ km になります。(4,500,000,000,000 km と宣伝されています) この巨大なボールは、直径 0.001 mm の高解像度の優れた 15 インチ コンピューターの画面ではまったく見えません。 ピクセルは 0.1 mm で 100 倍大きくなります。 ここで、SL の質量が実際にはもっと大きい可能性があると仮定したくなるほどです。 なぜなら、SL の塊のビジョンを時々見るとしたら、それらははるかに誇張されたサイズの物体であるからです。 あるいはそれについてどう思いますか？ 今のところ、私たちはこの考えに満足しており、プレッシャーを理解しようと努めています。 この物質は深さ 10 億 km で信じられないほど高い圧力を発生させることができます。 直径が 100 万光年に達する非常に大きな銀河がすでに観察されているため、この例は間違いなくどの銀河にも当てはまります。 したがって、圧力は材料自体によるものであり、重力によって事実上すべての量子メンバーがより深い層にしっかりと押し付けられます。 その後、弱い核力と強い核力が溶解するか、よりよく言えば帯電する、つまり結合エネルギーが生成されます。 雨がダムを満たし、水圧によって発電機が駆動されて電気が発生するのと同じです。 これが、量子を介して、原子世界としての太陽の中で弱い核力と強い核力を形成し、核融合の最終生成物が周期表としての核種曲線を介して私たちの足元に横たわっており、私たち自身がそれから構成されている様子です。推測的には、深みのある時点で次のように言えます。8 億 km から 10 億 km では、核子、つまり私たちが知っている原子の世界はもはや存在しません。 おそらく電子の高い重力により表面からも破壊され、原子界と呼ばれるものすべてが破壊されます。 個人的には、すべての電子の質量は SL 質量の外層にあると推定しており、これを特異点と呼んでいます。 これは特異点に吸い込まれたものを無力化するシュレッダーのようなものだと想像しています。 核融合は起こらず、光も存在しません。 しかし、表面がどのように構造化されているかを誰が知っているでしょうか? これが外部にどのように現れるかは想像することしかできませんが、明らかに二次的な考慮事項です。 前述したように、核子の結合エネルギー (強い核力と弱い核力) は重力によって溶解されます。 核融合や外部へのエネルギー開発は重力のせいでできなくなります。 SL 質量の上部領域では、原子殻が非常に短い動きで自身の電子によって事実上破壊され、それによって核子が放出されます。 その結果、私たちが知っている原子物質は数千兆個崩壊します: 1 (圧縮レベル)。この強い重力は、衝突によってバラバラになったときに失われ、プロセスが逆方向に始まり、太陽が生成され、次に太陽が生成されます。数十億年かけて太陽系が誕生します。 この Q2 から N2、そして A2 へのフィードバック プロセスは、最終生成物として私たちに熱とさまざまな紫外線をもたらす、単なる水素からヘリウムへの核融合ではなく、太陽の一次エネルギーとなります。 さらなる核融合プロセスは周期表まで発生しますが、形成の歴史の最初の高温段階でのみ発生します。 減圧段階では、これは Q2 から N2 への最初のエネルギー結合ステップです。 圧縮レベルについてはそのままにしますが、このような圧力レベルでは、圧縮レベル A1 から N1 についてのこの考慮事項を採用することが考えられることを指摘しておきます。 (中性子星の形成を参照) 中性子星が存在しない場合は、結合エネルギー相のみが現れます。 これは論理から導き出されます。 というのは、先ほども言いましたように、Q2 から N2 までの位相が欠けているので、中性子星だけが残ることになります。さらに、直径約 45 cm の模範的なニベアのプラスチック ボール (おそらく誰もが知っている) に対する 4.5 兆 km のスケールの例 (4.5 兆 km はここでは 45 cm に相当します)、深さ 10 億 km の比率が SL 質量になります。 ,ニベアのプラスチックボールケースの厚さは 0.1mm なので、比較的薄いです。ただし、この質量の中心まではまだ半径あたり約 2000 兆 2,490 億 /km あります。
これで、ここ「地殻」の下で圧縮されている質量に、自分の重力によってどのような圧力がかかるかがわかります (おそらく、それはまったく地殻ではないでしょうか?) それはあまりにも大雑把すぎます。むしろ、このゾーンは次のようなものであると想像したいと思います。太陽のコロナですが、その逆の働きがあるだけです。 そのため、重力の圧力が増大することにより、主量子コアが特定の深さのどこかに現れたということになります。エネルギーの流れにより、結合エネルギーがさらにレベルアップする理由はわかりません。 50 万光年を優に超えるこの強力な磁場の生成に関して言えば、その責任は自由電子のみにあり、自由電子は想像を絶する規模の磁場強度を想定します。 SL 質量は、おそらくこの例で説明したのと同様に機能します。 確かに、これとそれほど変わらない他のバージョンもあります。 しかし、エネルギーの流れと区別して分類することはできません。中性子星、マグネター、または超新星への変化が正確にどのように起こるかは、間違いなくこの結合エネルギーと関係があります。 このプロセスがどのようにより正確に機能するかについては、後ほどニュートリノの項で説明します。 このエネルギー分析は次のよう私たちの目に見える宇宙の世界観が明らかにされました。

に説明できます。 これを念頭に置いて、望遠鏡を通して観察できるエネルギーが論理的なエネルギーサイクルに従う場合にのみ発言できることを思い出していただきたいと思います。 おそらく 130 年前に 2 つの SL の塊が衝突して形成されたばかりの銀河。 これにより、ガンマ線が発生し、現在太陽が発しているものの 5,000 倍以上明るい光の洪水が発生しました。(私の意見では、これらはクエーサーです) この光の拡大 (膨張により直径が大きくなる) には、時速 400 万キロ。 例: この形成銀河の直径は 1 光年で、約 130 年前にこの速度で衝突が発生しました。 この発達が 10 年間観察された場合、直径は 1 光年（9 兆 5000 億 km）から 9 兆 8500 億 km に拡大します。 時速 400 万 km という信じられないほどの高速膨張速度を誇ります。 実際には、10 年後には、光強度がわずかに低下した同じ光線が得られます。 ガス雲の霧がゆっくりと核を包み込み続けます。 SL の塊が衝突すると、破片のボールが太陽のようにばらばらに播かれます。 これらの破片ボールは、衝突、跳ね返り、その他の妨害物によって軌道上に推進されます。 ただし、これらの「今の太陽」の大部分は、かなり後の SL ミサによって比較的すぐに再認定されます。 約 650 万年後、この銀河の直径は天の川と同じになりますが、計算上の速度は太陽の衝突により減少するため、650 万年は 1,000 万年以上に拡大する可能性があります。 (2 つの SL の塊が最初にどれくらいの大きさだったかによって異なりますが、推測です)。

そして今度は 2 番目の圧縮です。陽子と中性子から量子族の素粒子への結合エネルギー ステップです。 ニベアのプラスチック ボール サイズの例にあるものはすべて、純粋な素粒子、つまりクォーク族の塊です。 ここでは、結合された 4 つの基本的な力が対称的に結合されて 1 つの物質を形成します。 この物質の重さは、各核子の中にあるヒッグス粒子によって決まります。 これらのクォーク族が互いに近接している場合、次の計算を実行して、この未知の物質の重さを大まかに決定できます。クオーク族のサイズは約 $10^{-20m}$ から $10^{-21m}$、原子殻のサイズは約 $10^{-9m}$ 10〜10 メートルまで。これは、クォーク族が約 1 億分の 1 小さいことを意味します。したがって、それらは原子の殻内で長さ、幅、高さが 1,000 億回隣り合うことになります。これは、丸いボールとして、1,000 億 * 1,000 億 * 1,000 億 /4* 3.14 = $7.85^{32}$ ヒッグス粒子 / 残り 17 個 = を意味します。以前は任意の材料の 1 つの X の 1 つの原子シェルのみを占めていた空間に $4{,}6^{31}$ 個の原子シェル ユニットが集まり、現在は圧縮されています。 90% 以上が水素原子とヘリウム原子であるため、その量から小さな係数を差し引く必要があります。すべての元素は異なる数の核子を持っているため、核子から原子殻までの要素を依然として考慮する必要があり、原子殻内に平均約 $3.1^{28}$ 個の有効クォーク族があることを意味します。この未知の事柄の重さをここに書いてしまうと、本当にそんなことがあり得るのかと誰もが疑ってしまうだろう。したがって、私の推定は次のようになります。電子は破壊されませんが、クォーク族のメンバーとほぼ同じサイズであるため、それらの間には電子が十分に移動できる空間があるはずです。これらの要因により、この未知の物質のおそらく実際の重量は、何らかの形で1立方センチメートルあたり数兆トンから数兆トンになるでしょう。不思議なことに、現時点では、集合保存状態ではクォークのほぼすべてのメンバーが $10^{-19m}$ から $10^{-21m}$ のサイズで結合しています。ここでは放射性崩壊がないため、活動するニュートリノは存在せず、高い重力（重力)により核融合は許可されません。私たちの地球上でも同様です。2～3倍の重力があれば、天候はなくなり、水は蒸発できなくなります。太陽が最初の結合エネルギー段階で私たちのものと同じように機能すると仮定しましょう。太陽の核にすでに存在しているのは陽子と中性子ではなく、通常は陽子と中性子の中でまだ結合する必要がある素粒子であるためです。（Q2～N2）電子はクォークほど小さいため、強く結合することができず、その運動により、太陽の磁場の非常に狭い空間に信じられないほど大きな電流が発生します。SL 内のこの質量は、電流による損失がゼロで超電導であることが保証されています。SL マスと同等の能力を持つ。これが太陽の核の様子です。核子は太陽の核の上で形成され、放出された約 1,500 万℃の結合エネルギーが一次エネルギーとして生成されます。次の段階では、カオス理論において核子と電子が一緒になります。原子を結合するプロセスが発生するだけでなく、放射性プロセスも並行して発生します。最も一般的で最も単純な原子はもちろん水素原子であり、鎖を介してさらに融合することができます。重水素は原子核に陽子と中性子を持ち、三重水素も中性子を持ちます。すべてのプロセスの制御は、ベータ崩壊による高い重力を持つ太陽の核そのものから来ており、おそらく核からのエネルギーの一定供給のためにニュートリノを介して太陽も制御しているのでしょう。光球への対流ゾーンの機能により、ここで2番目のエネルギー結合ステップが実行されます。一次エネルギーは、陽子と中性子から電子を含む原子殻への遷移を引き起こします。(N2 から A2)その後、核融合のステップが続き、論理的に最も単純な原子である水素も最も多く生成されます。科学では、誤差分析は太陽の基本物質である水素に基づいていますが、これは正確であるはずがありません。これ私たちの目に見える宇宙の世界観が明らかにされました。

は太陽系の形成では考えられないことです。 私たちが知っている元素はすべて太陽で生成され、主に太陽系に存在します。 これらの過程は彩層を通過して太陽コロナとなり、さまざまな種類の放射線を伴う太陽風も地球に到達し、生命が誕生します。 今日、エネルギーの流れは弱まった形でのみ存在します。 なぜなら、閉鎖された時点まで、太陽系の形成は依然としてより高温の環境によって特徴づけられ、その後惑星の形成が可能になったからです。 閉じられた時点では、太陽から放出された物質はすべて、外部からのより高温のガスに囲まれていました。 この外側の高温プラズマとガスマントルは、太陽が入っている「容器」と解釈できます。 つまり、太陽は外側放射領域では 800 万度から 1,000 万度でより冷たくなり、このより冷たい泡がカイパーベルトまで広がっていました。これは、今日のすべての惑星と衛星が重力によってこの泡の中に閉じ込められ、物質の分布が制御されたことを意味します。 しかし、念のため言っておきますが、これはプラズマやガスの状態でも凝集の法則の状態を通じて起こりました。 現在、地球に降り注ぐのは太陽の質量のほんの一部だけです。 アルバート・アインシュタインによるそのような分析は、どうして重力の正当化を時空の曲率に基づいて行うことができるのでしょうか。その時点では惑星はまったく存在せず、プラズマと物質ガス、そしてすべての太陽しか存在しませんでした。 したがって、他に方法はなく、重力は太陽から来ている必要があります。 他には何も存在しません。

**8.) 概要を説明したエネルギー再充電。**

SL 質量におけるエネルギーの充填とその後の新しい太陽の形成について、別の視点から簡単に概観します。 したがって、エネルギーサイクルは、200 億年から 1000 億年の期間をカバーできる数文に要約され、常に衝突した 2 つの SL の質量の合計に依存します。 小さな銀河のビッグバンごとに異なる衝突角度があり、それはおそらくカオス理論のプロセスにより渦巻き腕の構造に影響を与えるだけでなく、確実に影響を及ぼします。
この問題に入る前に、誰もそれを調べたり見たことがないと主張したいと思います。 したがって、エネルギー（質量、太陽など）を使用して遠くからのみ分析できるものであり、そこから痕跡を読み取ることができます。 さらに、この未知の物質は非常に重いため、地球上に保管することはできず、ましてや実験室で検査することもできません。 レンガが水に沈むのと同じか、それよりも早く地球上の地面に沈み込むことになるが、これは私にとってはまだ控えめな表現のように聞こえる。 おそらくジェット推進で空中に浮かぶ金の延べ棒のようなものでしょう。したがって、ブラックホールの原因を明らかにするには、わかりやすいエネルギーの流れが必要ですが、これまでに発表された科学研究からはまだ判断できません。 それは、特異点、事象の地平線、シュヴァルツシルト半径、または時空曲率によってシミュレートされます。 このテーマに関しては、科学的想像力には限界がありません。 まあ、これらの奇妙な単語の組み合わせは忘れて、本質的なことに集中するのが最善です。 問題は、SL 質量は何に必要なのかということです。 ここで無数の SL の塊で自然が行っていることには確かに目的があります。そうでなければ、すべての銀河の真ん中にこれらの 1 つが存在することはありません。 論理的には、SL 質量内にはいかなる形でも光やエネルギーの放出はありません。まったく逆の場合、つまり、SL 質量内部の極度の重力によるエネルギー吸収 (認定) が起こります。 SL 質量内に光は存在できないため、これは重要な記述です。光は常にエネルギーの放出を意味するため、これは本質的にまったく不合理です。 (核融合) エネルギーの摂取とエネルギーの放出のどちらかが存在し、両方は同時に存在することはなく、矛盾となります。 天文学的な時間では、SL 質量による質量の吸収によって引力が増大し続け、最終的にはその銀河全体を吸収することになります。これは SL 質量の自然な仕事であると同時に、エネルギーの繰り返しの流れでもあります。

暖房水回路と同様に、熱源を備えた循環ポンプ。 さて、目に見えない SL の塊が走り回っているだけである場合、それはすでに頻繁に観察されていますが、それは暗黒物質と呼ぶこともできます。 場合によっては、何度も観察されているように、まだ少数の太陽が SL 質量の周りに巻き付いていることもあります。 このような観測が、さまざまな集合段階にある何兆もの銀河で何度も繰り返されるという事実は、当然のことであり、理解できることです。 この暗黒物質現象についても改めて詳しく説明します。 それ以降、この SL 質量が別の SL 質量と同一化してランデブーに参加するか、まだ完全には征服されておらず、ニュートリノによって十分な反重力を生成できなくなった銀河と遭遇するのは時間の問題です。再び展開しますが、ここでの私の解釈を裏付ける証拠が宇宙望遠鏡からたくさんあります。

すべての太陽は、さまざまな形で光と物質をエネルギーとして放出します。 このエネルギーは生命を生み出し、惑星を移動したり流れたり、シャワーを浴びたり、洪水を起こしたり、汚染したりする可能性があり、それによって数十億年後、太陽はゆっくりと燃焼力を失い、SL 質量にま私たちの目に見える宇宙の世界観が明らかにされました。

すます引き寄せられます。 これは銀河のライフサイクルであり、「その間」に生命が誕生します。 私たちは過去と現在のあらゆる研究とともにこの時代を生きています。 サイズに応じて、SL 質量の周囲に認定できるものがなくなるまでの時間サイクルは異なります。 それでも、その名にふさわしいものであるにもかかわらず、私たちはそれを暗黒物質と呼んでいます。 循環周期によれば、暗黒物質は SL 質量を含む全銀河の約 40 ～ 50% 以上を占める可能性があります。 2 つの SL の塊が再び出会い、新しい小さなビッグバンが発生して、銀河の生命の魔法が再び始まるのは時間の問題です。 これらの SL の質量が出会うと、4 つの基本的な力から以前に圧縮されたエネルギーが太陽を介して再び放出されます。 現在、そのサイクルは再び閉じられ、太陽は光と物質をエネルギーとして放出し、惑星に生命が開花できるようにし、人々がすべてがどのようにしてできたのかをもう一度自問できるようにします。

**9.) そうでないブラックホールと太陽系の違い。**

私たちは宇宙のエネルギーの流れを、私たちが見たいものではなく、私たちに示されたとおりに分類する必要があります。 銀河の回転磁場が誤って評価され、ニュートンの法則を使用して観察された場合、暗黒エネルギーの幻想が生じても驚くべきではありません。 これは SL マスの仕組みを紹介するほんの一例です。 ニュートンの法則で想定されているように、各銀河の銀河過程を太陽系の過程と比較することはできません。 ここでの間違いは、エネルギーの物理保存の法則は言うまでもなく、銀河の形成にあります。 したがって、今日の生命の状態では、太陽から出現した太陽系とは対照的に、ほとんどすべての太陽がほぼ同じ速度で SL 質量の周りを公転しており、ニュートンの法則には速すぎます。
ここでは重力により、プラズマ状態とガス状態の間の距離に応じて異なる速度が設定されています。 銀河では、惑星には存在しない反重力のせいでまったく異なりますが、ここでは速度によって太陽までの永久的な距離が維持されます。 銀河の場合、反重力はニュートリノによってもたらされ、銀河を中心から遠ざけます。 この技術は、太陽の外側で生命が発達できるように正確に計画されています。
しかし、サンズの犠牲者は SL に近すぎた。 彼らは私たちのような太陽系の目的のために最初から定められているわけではなく、私たちの命の犠牲です。 この内部銀河核の高速システムのせいで、外部銀河の長寿命期が起こるまでには非常に長い時間がかかります。 これは非常に正確に制御されており、それが何度も証明されています。 自然がこれを設定した私たちの目に見える宇宙の世界観が明らかにされました。

のは素晴らしいことだと思います。 私は長い間、どうしてこのようなことが可能なのかを考え、保存の法則について考え続けました。 ただただ信じられない、そして魅力的ですらあります。 そうでなければ、研究者たちがダークエネルギーについて頭を悩ませることはないでしょう。 今日宇宙論で流通しているものはすべて裏も表も当てはまらず、最も想像力豊かな考察があり、わずかな批判にも耐えられません。

**9.1.) 開発の時代。**

私は特に人間理解の発展のために次のことを述べたいと思います。 過去を振り返り、時代を理解するためにそれを進めてみると、これまで隠されていたが、私たち人間が生まれる前から存在していた宇宙の秘密に、私たちはこれまで以上に近づいていることがわかります。 今日、私が書いた銀河世界公式の文書によって、私たちの周りの宇宙が約 140 ～ 150 億光年以上の距離でどのように機能するかを知ることができます。 しかし、その総質量がどこでどのようにして作られたのかはまだ解明されていません。 私は、進化のこの点が将来のある時点で人類によってさらに発展すると確信しています。 世界観が不明確な時点では、宇宙全体の起源としてのビッグバンなどの仮説は発表されるべきではありません。これは、世界の正しい起源に到達するのに役立つ実際の進路を妨げるからです。 また、多くの脳をブロックし、誤った「正しい」と思われる事実を与えます。 おそらく今のところ、この時代においては、物理的に理解でき、いかなる空想的な考察も許されないバージョンで満足するだろう。そうすれば、宇宙論は最終的に行き詰まりから抜け出すことができ、反論の余地のない仮説が切り詰められ、理論に矛盾しないようにできるだろう。他の。 このドキュメントを使用して、私が考えていることを徐々に進めるためにアクセントを設定したいと思います。 天体物理学は完全に再考される必要があります。

SL マスでは、エネルギーの流れを論理的に進めて、それによって実際に何を達成したいかを自然に尋ねることしかできません。 エネルギーに頼らずに何か素晴らしいことを考えていると、異常な結末に至る扉が開かれます。 良い例は、間違った理論を明らかにします。 SL の塊というのは皆さんご存知の通り、光すら出ないほどの重力を持っています。 まあ、重力が高いのは確かです！ しかし、このモンスターボールや SL の塊の表面には光が存在せず、重力が強すぎて核融合が起こらず、光を発することができません。 すでに述べたように、SL 質量は質量を吸収しますが、質量を放出しません。 また、光には質量がなく、重力の影響を受けない私たちの目に見える宇宙の世界観が明らかにされました。

光子の塊（量子）です。 これは完全に受け入れなければなりません。 論理的には、SL は質量の認定と核融合 (太陽風、光の放出) を同時に行うことはできません。 それは再び逆説的なシステムとなり、機能しなくなります。 もしそうであれば、ここではいくつかの物理法則が違反されることになります。 これは推論における最初の重大な誤りであり、SL 質量の動作方法が非常に単純で単純であるため、シュヴァルツシルト半径、事象の地平線、特異点などの表現が単純に忘れられてしまいます。
さらに、それは当初想定されていたような穴ではなく、圧縮された塊であり、それによって私たちに知られているすべての元素の原子殻が溶解され、少なくともすべての核子が互いに接近しており、より深い層ではおそらくさらに一歩進んでいます。クォーク族も核子殻の結合エネルギーから解放されたものであることが分かりました。 このことを考慮すると、依然として結合エネルギーの増加があり、すべての自由電子は巨大な電流の流れとの高い共鳴を自由に生成できるため、磁力線の集中は約 $10^{20}$ テスラ以上になります。 この磁場はニュートリノの反重力によって渦巻き星雲腕を作り出し、銀河の進化全体を最初から組織化します。 これを担うのは電磁力であり、その力は私たち人間が完全には想像できないレベルに達します。
原子殻の圧縮と核子の溶解の理論では、前述のように、4 つの基本的な力がすべて組み合わされます。 この質量の仕組みにより、私たち人間は決してこの物質に近づくことはできず、ましてや実験室で調べることもできません。 それは非常に重いため、私たちの原子の世界には存在できません。古典的な原子殻の世界では決して互換性がありません。

**10.) 暗黒物質を始めましょう。**

誤差分析では、暗黒物質と暗黒エネルギーの両方の種類のエネルギーの計算も誤ります。 すべてが原子物質に基づいている、つまり太陽は主に水素でできており、銀河の SL 質量は穴であると仮定すると、計算どおりになる可能性があります。 全くのナンセンスなのでここではコメントしません。 私の計算は次のとおりです。目に見える宇宙全体の総質量は、あらゆるものを含めて 100% です。 目に見える物質は、種類や形状に関係なく、太陽とすべての惑星とすべての分子物質です。 これは変化する可能性があり、宇宙のさまざまな状況につながる可能性があります。 2 つの存在の寿命から、不可視よりも可視の質量の方が多いため、60 ～ 70% が可視で、残りが暗黒物質に残されると推定したいと思います。 科学によって計算された暗黒エネルギーのエネルギーは、まず誤差分析に基づい私たちの目に見える宇宙の世界観が明らかにされました。

ており、次にこのエネルギー (ニュートリノです) を目に見える物質から計算または差し引く必要があります。 目に見える物質には、質量とは独立して (太陽からの惑星への供給からも独立して) 重力と反重力という 2 種類のエネルギーが存在するため、これら 2 つは誤解を招く宇宙論につながります。 銀河系では重力が SL 質量の量子力学によって指示されているため、ニュートンの法則は考慮されません。 ここでは重力の法則が太陽系とは異なります。 これは、SL の質量と太陽自体が高い重力を生成するためです。 電気によって駆動される 2 つの電磁石の比較。 (銀河系) 太陽系には太陽からの強い磁場しかありませんが、この磁場は地球に渦電流を発生させることで重力を生み出しており、論理的にははるかに弱いものです。したがって、太陽系では、重力は太陽から来て、惑星に重力を形成します。 したがって、ここでは区別する必要があります。 法則 $E=mc^2$ は宇宙にも適用できず、原子の世界にのみ適用されます。 これは、なぜ太陽がそのような高速で銀河から飛び出さないのかという仮説につながります。 より高い引力が生じるからです。 さらに、検出のために反重力のみを放出し、他のエネルギーは放出しない暗黒物質があります。 宇宙にはもう物質もエネルギーもありませんが、もしもっとあったとしたら、一体何の意味があるのでしょうか? 宇宙はこれらのエネルギーで動いており、他のものはすべて発明であり、想像力に基づいています。

**10.1.) Sonnen エラー分析。**

電気重力磁気により、銀河は形成段階（円形でガス状、楕円銀河や側転銀河は渦巻腕を形成しようとしている銀河）から渦巻銀河へと形成されます。 銀河が渦巻き状の腕に変形することにより、衝突の可能性も減少します。

リノベーションサイクル！ （銀河系における太陽系の形成）太陽アルデバランの直径は太陽の 40 倍以上で、その核融合プロセスは 100 倍以上強力に放射されます。 したがって、核融合の強度は太陽の大きさのみに依存します。 星屑やガス雲の形成については何もなく、そのような太陽は重力によって生成されることはありません。

これを許可する物理法則はありません。 アルデバランのような太陽は、それよりずっと前に何兆トンもの物質を放出し、その後 2 倍の大きさに成長するでしょう。 それはどのように機能するでしょうか? さらに大きくて明るい星もあり、核融合が始まると質量は認定できなくなり、この理由だけで、このような太陽形成説は最初から否定されます。

私たちの目に見える宇宙の世界観が明らかにされました。

これは、すべてが2つの暗黒物質の塊との衝突による太陽の形成を示し、圧縮された物質が分散され、同時に太陽系が太陽によって物理的に形成されることを示している理由でもあります。
SL 質量の圧縮段階での結合エネルギーを A1 から N1 / N1 から Q1 として説明し、次に太陽の減圧段階での結合エネルギーを Q2 から N2 / N2 から A2 として説明します。 スケッチも添付されています。

**10.2.) 超新星。**
銀河の中心には常に SL 質量があり、ずっと前に圧縮への移行を過ぎています。 したがって、それは Quark の家族に圧縮されています。 私たちが原子殻を通して知っているような原子要素は、地球上には存在しません。
超新星は、SL 質量の始まりの始まりであり、2つの大きな太陽の衝突によって引き起こされる可能性があります。 どちらの太陽でも、重力が比較的低いため、Q2 から N2 へ、および N2 から A2 への結合エネルギー段階が解放されます。 しかし、超新星が発生すると、太陽の両方の大きな質量が結合し、重力の増加により N2 から A2 への結合エネルギーステップが妨げられます。 ここで SL 質量の形成が指定され、N2 への最初の結合エネルギー ステップ Q2 も影響を受け、(総重力に従って) SL 質量が作成されます。 両方の太陽の原子質量が再認定されました。 太陽の核の周りに形成されたもの。 この超新星からのジェットはおそらく、何らかの結合エネルギー段階で発生し、放出されたエネルギーの完全な停止には至りません。 それは、2つの大きな太陽の衝突によって引き起こされる変換プロセスでは、N2 上の結合エネルギー部分 Q2 を抑制するのに十分ではないからです。 超新星の最初の閃光は比較的早くガス星雲に包まれ、遮蔽によって時間の経過とともに光の強度は減少しますが、高ガンマ線は減少しません。 これらの現象とともに、善と悪の境界領域のある時点、ここ大衆の中で、そのような奇妙な爆発が起こることも考慮する必要があり、これは非常に多くの可能性を考えて排除することはできません。
これは、SL 質量と太陽の間の灰色の領域とも言えます。 インターフェースもここのどこかにある必要があるからです。
直径が 5,000 光年を超える銀河の SL 質量は、その物質を含む超新星爆発の始まりよりも 100 万倍以上重いです。 したがって、ある質量サイズのある時点で、SL 質量の形成が始まります。 エネルギーの痕跡によると、超新星はおそらく2つのより大きな太陽、または中性子星、マグネター、その他問題となる他の天体の衝突に他なりません。 それは説明としてよく想像できます。 私たち人類が名前として空想してきたマグネター、中私たちの目に見える宇宙の世界観が明らかにされました。

性子星、パルサー、クエーサーなどの同様の過程はすべて、銀河におけるこの複雑な発展の確率論では避けられない二次現象として分類されるべきです。 さらに、私たちはこれらの壮観な現象を見て、正しいかどうかにかかわらず、それらにさまざまな名前を付けています。 太陽系の形成が銀河の主な目的である場合、それらは太陽系の形成において小さな役割しか果たしません。 特定のパラメータが満たされなかった場合、それらを欠陥のある試みと呼びます。 同じ生理学的構造は、私たちの地球上の自然にも見られ、無駄であり、過度に誇張されていますが、この性質は植物界やすべての生き物に現れていますが、なぜ宇宙にも現れないのでしょうか？ 私にとって、これらの検討ルートは、勉強するよりも努力する方が良いことを示唆しています。あるいは、「同じ布から切り取ったものである」とも言えます。 確率がすべてだ！ いずれにせよ、推測への扉は広く開かれており、より正確な詳細が異なる仮定をもたらす可能性があります。

**10.3.)** 系外惑星。

この本をすべて読むと、地球のような生命を支える可能性のある系外惑星についての考慮事項をより適切に評価できるようになります。 私たち人間があらゆるものに対してそうであるように、誰もが確かに異なる見解を持っています。 しかし、何度も繰り返してきたように、宇宙にはその厳しい法則のおかげで、同じ量子力学が存在することが保証されています。 なぜなら、量子ファミリーが宇宙全体を形作っているからです。説明では多くのことが異なって解釈できないため、繰り返すということは、この本の文脈全体を意味します。

つまり、これらは、私たちの科学が実験を通じて確実に発見したすべてを含む枠組み条件です。 しかし、すでにお気づきのように、宇宙論的秩序には誤差分析と矛盾が含まれています。 さらに、現在では系外惑星の探索も行われています。 私の意見は次のとおりです。私たちのような地球は、次の条件下で生命が発生することによってのみ誕生することができます。 1. サイズは、大きすぎると大気がないので水などが入りません。小さすぎると同じことが起こります。 2. 太陽に近すぎると暑くなり、遠すぎると寒くなります。 数百万年前、私たちの地球は空気中に多量の二酸化炭素が存在していたため、もっと暑かったのですが、現在は化石燃料によって二酸化炭素が再び放出されています。 植物と海は何百万年もかけてこの問題を解決し、なんとか解決してきました。 3. 次に、地球の地軸と自転があり、その結果、タンパク質とすべての生物学的物質が天私たちの目に見える宇宙の世界観が明らかにされました。

候と温度を通じて発達することができます。**4.**月も重要です。そうでないと満潮と満潮がありません。これらの基本的な要件が満たされていれば、太陽は自らを祝福することができます。**5.** 太陽は、その大きさから、おそらく決定的な極となります。パラメーターを一度変更すると、私たちのような地球は存在しません。したがって、実際に系外惑星に適用できるようにサイズを比較します。太陽の直径は約 140 万 km、地球の直径は約 12,700 km であるため、直径は 109 分の 1 です。今、コンピューター画面上に直径 20 cm の太陽がある場合、地球の大きさは 1.8mm です。系外惑星の写真を見ると、それらは地球の 10 倍、12 倍、または 15 倍の大きさです。たとえば、私たちの木星は太陽のわずか 10 分の 1 です。したがって、これらは探し求められている可能性のある惑星ではありません。したがって、ここでは成功の兆候はほとんどありません。しかし、私たちの人間性の幻想は画期的です。おそらく偶然、コロンブスのように、現時点では私たちがまったく知らない発見が他にもあるでしょう。研究者の皆さんが大いに楽しんで成功することを祈っています。

**11.) SL マスはどのように構成されていますか? (ブラックホール = SL 質量)。**
SL 塊内でこの未知の物質が形成される際には、少なくとも同じエネルギーが加えられ、その後逆に再び放出される必要があります。私たちの太陽では、これは 200 億年以上かかり、この期間のエネルギー出力は $1.8^{29}$ ペタワット/h になります。ニュートリノ エネルギーはここには含まれていませんが、合計すると 1,000 倍未満となり、暗黒エネルギーの特定につながる可能性があります。さらに、太陽には一次エネルギーが放出され、これら 2 つのエネルギーが放出されます。このエネルギー変換プロセスは、重力、つまり材料自体にかかる圧力の重力による原子殻の破壊につながる圧縮によって説明できます。原子核の分裂によって信じられないほどのエネルギーが放出されることはわかっていますが、原子核の生成にはさらに多くのエネルギーが使用されました。原子が分裂した後も原子核はまだ存在するため、分裂中に放出されるエネルギーは一部だけです。したがって、核子と電子を完全に中性にするための圧縮プロセスには、後で放出されるエネルギーよりも比較的多くのエネルギーが必要です。エネルギー保存の法則！ これは原子核を正しい位置に移動させるのに必要なエネルギーです。総質量を量子族に圧縮することにより、すべての素粒子が近くに存在し、プロセスの最終段階での結合エネルギーを見つけます。

私たちの目に見える宇宙の世界観が明らかにされました。

アップクォークとダウンクォークの大きさはアトメーター範囲で $10^{-18m}$ メートル、ニュートリノはセプトメーター範囲で $10^{-24m}$ メートルで、核子はフェムトメーター範囲で $10^{-15m}$ メートルと巨大です。 したがって、水素原子やその他の圧縮の可能性のある元素の原子殻には、信じられないほどの空間が存在します。 原子殻は $10^{-9m}$ メートルから $10^{-10m}$ メートルで、クォークやボソン、レプトン、ヒッグス粒子、電子と比較すると巨大です。より深く理解するために、たとえば想像してみてください。 SL 質量の外殻 (地殻のように約 1 光時間の厚さで、核子はすべて密に詰め込まれており、電子は常に活動しているため、電子はすべて自由に電磁気を生成し続けます。) は地殻内の殻と似ています。シェル 核子と電子から構成される質量。 この層のより深い、深さ約 10 億 km では、核子に対する圧力が非常に強く働き始め、原子殻が以前に起こったのと同じように、陽子と中性子が溶解します。 この状態では、クォーク族のメンバーは自由で、重力の下に閉じ込められ、弱い核力や強い核力として活動することができない中立的なバランスの取れたエネルギーを形成します。 この層分布は、太陽の周囲の層分布と大まかに比較できます。 この変化により、電子は常に物質のあらゆる状態に適応して行動します。 原子殻の世界であろうと、原子殻の世界の崩壊後であろうと、クォーク族の世界の状態であろうと、電子は単にその運動を通じて常に重力を維持するという役割を担っています。 電子は決して休まない！ 同じ空間には何兆もの電子があり、これが非常に強い力線を引き起こします。 これは、電子による重力の維持の不可欠な証拠です。 電子はクォーク族とほぼ同じサイズであるため、すべての銀河が機能するために必要な高い磁場強度を達成するために完全に調和して働きます。 私たちは現在量子の世界におり、電子の永久保存について重要な発言をすることができます。 電子はいかなる方法でも分割、破壊、変形することができず、温度や圧力がどれほど高くても低くても、常に電子のままです。 これらすべてから、電子が重力を構成しており、その責任を負わなければならないというのは論理的な結論です。 ここ SL 質量では、核融合はもはや存在せず、ニュートリノ生成と放射能による弱い核力も、陽子と中性子による強い核力も使用されないため、どちらも存在しなくなりました。 一般的な用語で次のように言えます。 彼らは保留中だ。 ダムの堰き止められた水に例えられます。ダムの上部には圧縮されたクォーク族があり、下部には発電機が回転した後に流出する水が私たちの原子の世界です。 その中間、つまり縦樋には、太陽の中で QFT (場の量子理論) と ART (一般相対性理論) の間の境界私たちの目に見える宇宙の世界観が明らかにされました。

面があります。 ここは、地球からはまだ見ることができないエネルギーが放出される場所であり、誤差分析が行われる場所です。
現在、私たちの感覚でエネルギーとしてしか理解できないのは、電子によって引き起こされる重力であり、この圧縮中に最大 1020 テスラ以上に増大する可能性があり、これが直径 100 万光年の巨大な銀河を引き起こす可能性があります。
特異点の表現を伴う絶対クォーク質量への究極のエネルギーステップがここで達成されます。 重さが何兆倍にもなる超電導物質が出現した。 SL マスを想像するのはこれだけです。 太陽が何十億年も続くエネルギーを持っているのはそのためです。
衝突の結果を伴う重力による銀河の繰り返し形成についての考察の小さな証拠は次のように述べています。 宇宙全体でビッグバンが起こるはずがなかったのに、今日では宇宙のさまざまな場所で毎日新しい銀河が形成されています。 これは全体的にビッグバン理論に反するものです。 宇宙全体のビッグバンは最終的には完全に停止することになるが、その兆候がまったくないため、その可能性はさらに低い。 なぜなら、エネルギーサイクルがなければ、宇宙は論理的に停止してしまうからです。 電子は重力を生み出すため、重力によって停止することのない自己再生型のエネルギーエンジンであると言えます。 これは永久機関ではありませんが、閉じられた空間である宇宙はエネルギー保存則でエネルギーは減ることも増えることもできないので、宇宙のエネルギーは常に一定です。
宇宙の膨張も同様に疑問を抱くのは簡単ですが、そうあってほしいと願うから主張するのは理にかなっています。 ここでは、発生点、あるいはむしろガス全体を想定していますか? どこからともなく突然何が現れましたか？ もちろん、太陽がまだ地球の周りを回っていた数百年前と同じように、私たちは再びその渦中にいます。
私が主張する太陽の誤差分析は、主に太陽の核質量では計算できない数学的エネルギー計算に基づいています。 私の疑問は、太陽定数の計算による太陽の質量放出に関連しています。 したがって、式 E=mc2 によれば、太陽は約 400 万トン/秒の質量損失を有するはずです。 平凡なことは、有名なフォーミュラは太陽の下では使用できないということです。 総表面積に換算すると、約 1 $km^2$ の質量は約 0.65 グラムになります。 (3,14*d2) そんなことはあり得ません。 私には信憑性を求める気はありませんが、考慮事項だけを見ると、考慮されていないエネルギーが不足しているに違いありません。 繰り返しになりますが、太陽が水素でできていないのはこのためです。

私たちの目に見える宇宙の世界観が明らかにされました。

同様に、毎秒 400 万トンに基づく小惑星帯とカイパーベルトを含む太陽惑星の総質量は約 4×1027kg と計算される。不可能へ。ただし、100 億年で毎秒約 400 万トンになると、約 $1.26^{27}$Kg になります。これは目標の結果に近づきます。今、欠けているのはオールトの雲の塊だけだ。長い形成過程により、オールト雲の質量は惑星の総質量の少なくとも 10 倍、つまり約 $4^{28}$ kg であると私は推定しています。それは、太陽系の形成過程で最も長い間、太陽系の周囲で最も凝縮が多かった領域だったからです。太陽系の形成に関する私の解釈によれば、その大部分は侵入物質によるものであり、それが初速度の減速につながった可能性があります。これも銀河定数の一部です。太陽の密度が正式に 1.4g/cm$^3$ と与えられている場合、どうすれば妥当な計算を導き出せるのでしょうか? 実際には、太陽の核の密度はおそらく $9^{16}$Kg/cm$^3$ 以上です。水素でできていないからです。したがって、宇宙における水素の存在に基づく計算はすべて間違っています。

ニュートリノのエネルギーを忘れないでください。ニュートリノは太陽エネルギーの 1000 倍以上を持っており、総質量放出量は毎秒約 40 兆トンになります。どれを想定するのがより現実的かを考えてみましょう。これは、1 km$^2$ あたり約 5 トン (0.65 グラムではありません)、または 1000 m$^2$ あたり約 5 kg、つまり 1m$^2$ = 5 グラム/秒となります。これは確実に理解できる方法で認識できます。

ミニチュアのビッグバンは、銀河の再形成のために起こったという点でのみ理解できます。(スケッチを参照: 宇宙スケール。) これらのプロセスは、銀河の完全な溶解と同様に、継続的に観察できます。ただし、これらのプロセスは何百万年も続くため、距離に応じて時間の遅れが生じ、現在の発展段階しか確認できません。銀河団全体でも、以前は 2 つの巨大な銀河であったことがわかります。

それとも、太陽から原子の殻の世界が創造され、この太陽系が私たちの本性とともに地球に命を与え、その中で私たちが生きられるのは偶然だと考えるべきでしょうか。いいえ! エネルギーの流れによれば、それは偶然ではなく、物理的な最終結果であり、何らかの形で、確率の原則を通じて、常に対応する太陽サイズを備えた太陽系をもたらします。

簡単に要約すると

SL のミサについて自問すると、すぐに自分が想像力に囚われていることに気づきます。ここで明確な思考を追求することは、宇宙のエネルギーの流れの最高法則から決して背を向けないことを常に意識している場合私たちの目に見える宇宙の世界観が明らかにされました。

にのみ可能です。 研究者たちが何を思いついたにせよ、ワームホールなどはもはや空想ではありません。
これについてはさまざまな章で説明されていますが、ここではその短いバージョンを示します。
SL は穴に見えても穴ではありません、というかそう見たいからです。 それは圧縮された物質であり、以前は私たちの原子の世界が構成されていました。 同じ素材でも、構造が違うだけです。 核砲弾はもう必要ありません。弱い原子力も強力な原子力ももう必要ありません。 中性子や陽子も存在せず、電子を含むクォーク族だけが存在します。 すべての電子が重力に仕事を寄与できるように高密度に詰め込まれています。 この物質が液体なのか固体なのか、あるいは他の状態をとっているのかについては、まだ推測が残っています。 どういうことかというと、100 万 km/h の衝突にも耐えられる構造能力を持ったタイプということです。 何兆ものボール、塊、その他何でもが太陽を形成し、その後何十億年にもわたってエネルギーを放出するような方法で形成されます。

**12.) ブラックホール質量の再生。**
私の理論では、重力は巨大な重力をもたらし、銀河のエネルギー再生をもたらします。 ここでは、私たちの原子の世界からの 4 つの基本的な力 (前述したように、私の意見では 3 つしかありません) がすべて、重力によって SL 質量内で結合されます。 SL の質量の重力は、その周りを回転するすべてのものをそれ自体の中に引き込みます。 時間の問題です。 異なる物理的状態にある物質のこの永久吸収は、重力の増加を増加させるだけでなく、同時に SL 質量の電磁気力も増加させます。 (つまり、3 つの基本的な力です!) これら 2 つの基本的な力は一緒に属しており、分離できない、またはさらに良く言えば破壊不可能です。 SL 質量に記録されるのは主に質量の重力であり、さまざまな発達段階にある星、より小さな SL 質量も含まれる場合があります。 つまり、最後の計算に至るまで、最小の水素原子に至るまで、すべてがそうです。 完全に降着した時点では何も残っておらず、SL 質量の周囲に完全な真空が形成されます。SL の質量は完全に目に見えなくなり、その目的はいかなる形でもエネルギーを発することではありません。 重力のおかげで表面はとても滑らかになっているに違いありませんが、これは地球上では決して達成できないことです。
コーディネートが出来ない。 新しい銀河を目覚めさせる場合にのみ、他の SL 質量上の重力による磁力線の引力はそのまま残ります。 これが銀河の形成と生と死の意味です。このプロセスが詳細に理解されると、私た私たちの目に見える宇宙の世界観が明らかにされました。

ちの銀河生命がどのように形成され、宇宙がどのように機能するかが正確にわかります。 太陽系の構造は銀河の構造とは根本的に異なります。ニュートンの法則は電子の基礎であるため、銀河全体に適用されます。しかし、一般相対性理論は、太陽核を除く原子太陽系にのみ適用されます。 式 E=mc2 は SL 質量と互換性がありません。 なぜなら、量子世界と原子世界の間の界面のエネルギーは異なる比率にあるからです。

**13.) 世界公式の入門的な説明。**

各銀河は自給自足しており、他の銀河と比較して異なる質量サイズと時間的発達段階でのみ機能しますが、これは質量サイズによってのみ引き起こされます。 というのは、この解散と再編のプロセスがすでに何回行われたのか知りたくもないからです。 現在名前を付けることができるすべての数字には始まりがありますが、終わりはありません。物質の始まりが実際に何であったのかは、おそらく今世紀中に発見されることはなく、ましてや将来発見されることはないでしょう。 宇宙の自然もこれを正確に計画しているでしょう。
導入文を続ける前に、多くの想像力、仮説モデル、人間のナンセンスを忘れなければなりません。そうしないと、本当の起源に到達することはできません。 なぜそんなことを言うのでしょうか? さて、私たちの親愛なる太陽の簡単な例です。 太陽が主に水素と少量のヘリウムで構成されていることは誰もが知っていますが、もちろん、このようなことを学校で教えれば、人々はその後もそれを信じ続けることになり、それは生涯あざのように残ります。 誰もがそれとともに成長し、ある時点でそれ以外の方法はありえなくなり、何も考えずにそれを受け入れます。 しかし、これは本当に真実なのでしょうか? 違うことはあり得るでしょうか? これはまさに世界公式が明らかにしていることであり、あなたは私たち全員に関係する気候変動への取り組みを支援することを自分自身で決定します。 ここが重要な点であり、より効率的かつ迅速に進めるためにアクセントを設定できるようになります。

**13.1.) インターフェースからの世界式。**

世界の公式について考えるとき、おそらく信じられないほど複雑なものを想像するでしょうが、それは非常に単純であり、4 つの基本的な力をすべて組み合わせて 1 つの全体にすること以外の何ものでもありません (基本的な力は本当に 4 つありますか?)。私たちに見える世界は、目に見えない現象を持つ銀河の中でどのように創造されたのか。 もちろん、これは私たちの目に見える宇宙の世界観が明らかにされました。

科学者が述べているように、すべての研究者が必要に応じて実装する必要があるという観点からのものです。 ここには非常に小さな誤差があります。 ART から 4 つの基本力を見ればそれは正しいのですが、宇宙の物質の根源である量子の世界では、4 つの基本力は別の区別をしなければなりません。 これは、4 つの基本力はすべて量子の世界に存在しますが、重力によって SL 質量に変換されているため、量子としてのみ認識できることを意味します。 重力がある場合、電子は破壊できず、変換できないため、このままになります。 したがって、電子は量子の世界であろうと原子の世界であろうと、どこにでも存在します。 それらはすべての基礎であり、電子がなければ重力は存在せず、原子の世界にはすべての原子構造を含む周期表は存在しません。
この構造がどのように機能するかを知っていれば、すべては非常に簡単です。 これは銀河世界の公式だけでなく、他のあらゆるものにも当てはまります。これが人間の本質です。 誰もがこれが何を意味するかを知っており、自分自身も何度か経験しています。 しかし、最初に考えを形成し、それを考え出します。もちろん、未知の SL 質量によるいくつかの法則がまだ存在していないことを考慮して、私は科学の物理的発見の反駁できない枠組みを維持したいと考えています。 しかし、私のアイデアのおかげで、将来科学レベルで公式の現実となる可能性のある限界に遭遇することがあります。 ケルンの LHC は順調に進んでいます。 私の意見では、Q2 から N2 および A2 への結合エネルギーの解放はここでは証明できません。 それは量子物理学の超専門家の仕事でしょう。 ただし、概算はすでに行われていますが、それについて具体的には何も言えません。 一般相対性理論も量子論も、理解可能な科学世界の公式に収めることはできず、私たちは単に宇宙論の標準モデルの危機段階にあるだけです。 いくつかのデータから、量子と原子の間には転移点があるに違いないことがわかっています。 ただし、これを公式で証明することは正直できません。 量子と原子の現象は人間が存在する前から存在しているため、この式は、式 E=mc2 と同様に二次的なものと考えるべきです。 しかし、私の世界公式では、互換性とは、両方の基本理論の共存を対称的な統一体として見ることです。地球がまだ平らだった頃も同様で、科学的なレベルで地球儀が実現するまでには 200 年以上かかりましたが、今日ではもちろん完全にレベルが異なりますが、原理的には一見ほぼ同じです。 少なくとも今日では、あなたはもうさらされることはありません。 地球は丸いので、当時は誰も真実に反論できませんでした。 しかし、今回の私の銀河世界公式理論の変更により、難易度は何倍にも上がりました。 高度な私たちの目に見える宇宙の世界観が明らかにされました。

資格を持つ核物理学者や核融合分野の専門家は、バターをパンから取り出しているのでしょうか、それともパン全体から取り出しているのでしょうか？ ここ地球上でエネルギーを生成するための核融合は永久機関への試みです、それが私の明確な声明です。 この結果は、世界公式の私の解釈を通じてますます明らかになり、すべてが核融合炉からのエネルギー生成に反対していることを物語っています、それは間違いありません！ 原子は完成しており、それが誕生するためには、Q2 から N2 へのプロセスからの結合エネルギーが必要であるためです。 この地球上で再び核融合が行われる場合、そのプロセスを開始するためのエネルギーが必要であり、それがそのために使用されるエネルギーです。 最終的には常に、使用したエネルギーよりも少ないエネルギーで終わることになります。 だからこそ私は気候変動の直前にこの話を持ち出しました。 これ以上重要な時間が経過する前に、私は量子センサーと LHC に頼っています。LHC は、私の理論的議論を裏付け、最終的には核融合の幻想のこの光景を明らかにするために、太陽の核の正確な分析を生み出すことができるかもしれません。これにより、再生可能エネルギーへの投資への道が開かれます。 NASA も太陽の正確なプロセスの調査に多忙を極めていますが、これが何らかの結果を生むかどうかはまだわかりません。 ITER や他の核融合発電機に依存するのではなく。NASA と ESA による最新の調査は太陽を対象としているため、ここに突破口がなければなりませんが、それには長い時間はかかりません。 この世界公式を提示すると、基本的な 4 つの力がすべて対称的に 1 つの力に形成されますが、これに匹敵するモデル例を私は知りません。 これは量子クロム力学に非常に近いため、私はこれを量子力学の重力圧縮と呼んでいます。 （先ほども言いましたが、私は 4 つの基本的な力に疑問を抱いています）親愛なる読者の皆さん、決めるのはあなたです。 それは二次的なものであり、基本力が 4 つであっても 3 つだけであっても、そのまま残ります。統一されると、最初の最も弱い基本力（重力）が弱い核力の上に階層を引き継ぎ、次に強い核力と電磁気力が管理として、単純にすべてを制御します。 したがって、重力と電磁気は切り離すことができず、体と魂のように一緒に属しており、科学では別々の基本的な力として定義されていますが、私たち人間は単純にこれらを別々の現象として解釈してきました。 (重力を参照) 実際には、このエラーは、暗黒エネルギーの太陽の回転速度について考えるときのエラーと同様に、存在しない重力子を検索することになります (なぜそうではないのでしょうか?)。 これはすべて、世界の公式やさまざまな文書の中で明確かつわかりやすい形で明らかにされています。SL 質量内の私たちの目に見える宇宙の世界観が明らかにされました。

重力は、3 つの (つまり 4 つではなく) 標準的な基本的な力からの結合エネルギーの相互作用を変化させ、さらに対称的に 1 つの力を形成します。この高圧下では原子殻が溶解され、さらに次の段階では核子も溶解され、クォーク族全体だけが残ります。 ここでは、電子によって活性化される SL 質量の重さによる重力のみが存在します。 この SL の質量 1 $cm^3$ は、地球上では 90 兆トンを超える重さになります。 SL の塊全体の重さを考える必要があります。 電子はこのような小さな超伝導空間に押し込められており、すべて自由に少なくとも $10^{20}$ テスラ以上の力線の押し出しを生成します。 もちろん、SL 質量 (銀河) が大きくなるにつれて、これは増加し続ける可能性があります。 これは、このような巨大なエネルギーがこの圧縮を通じて生じる唯一の方法であり、このようなことは、SL 質量および太陽の基本物質としての水素からは不可能です。 いずれにせよ、水素の定義はここでの基礎を形成することはできません。 太陽も水素によって作られたはずはありません。 熱力学の法則によれば、これは原子ベースでは不可能です。世界公式のこれらの深い基礎を掘り下げるには、宇宙の 2 種類の物質を理解するための非常に基本的な要件が 2 つあります。一方で、SL マスと太陽の問題。 この物質はまだ私たちにはわかっていませんが、エネルギーの流れを使用してのみ特定することができます。 量子ファミリーが含まれていますか、それとも 4 ～ 5% ですか? 重力によって圧縮された核子の内容。 この状態でのみ、すべてのクォーク メンバーが重力によって SL 質量内にしっかりと詰め込まれます。 実験台でそのような物理的状態にあるものを検査することは決してできません。 完全に圧縮されていて重すぎます。 なぜなら、この結合エネルギー鎖がなければ、銀河や暗黒物質は自らを復活させることができないからです。 私が言ったように; おそらく量子センシングを通じて、この世界の数式理論の科学的証明は、ある時点で正式に真実であると証明される可能性があります。 たとえこの情報が適切な人物に転送されたとしても、新しいインパルスのアイデアにより、LHC での調査が成功する可能性があります。読者の皆様、この世界公式をサポートし、ウィキペディアから物理学と宇宙論の未解決の問題を比較してください。 適切な分析を行うことで、多数の問題が明らかになっただけではなく、すべての問題が明らかになったことがわかります。 リンクを使用して、この本をあなたを知っているすべての友人や知人に転送してください。最終的に気候変動に対して建設的な行動を起こすまでの時間が短縮される可能性があります。 ここで、核融合幻想の大部分は、政治的に気候変動と戦うことを目的としています。 なぜなら、私は気候変動の概念を通じて、欠陥のある核融合理私たちの目に見える宇宙の世界観が明らかにされました。

論を通じて世界公式に出会ったからです。 間違いなくクリアです！ 太陽が核融合のための一次エネルギーを生成する方法である水素ではあり得ません。 水素の結合エネルギーはどこから来るのでしょうか? おそらく高温のガス雲からでしょうか？ 誰がこのガスを圧縮するのでしょうか？ エネルギー保存の法則！ また、私たちが知っているすべてのガスの中で最も膨張性の高いガスでもあります。 ここにあるものはすべて、熱力学的エネルギー法則に反しています。 分析のためにこれ以上の質問は必要ありません。 太陽（さらに詳しく説明すると太陽系）は SL の質量から生じたはずなので、当然のことながら、その核は巨大な SL と同じ物質で構成されています。 私たちが知っている（周期表からの）もう 1 つの物質は原子物質で、オールトの雲に至るまでのすべての惑星とすべての付属品とともに、太陽によってのみ生成されます。私たちは物質の物理的状態がそれがどのような状態にあるかを示すことを知っています。 温度と圧力比に応じて、原子の世界 (太陽系) には気体、固体、または液体の状態が存在します。別の元素は核融合、同位体崩壊、または核分裂を通じてのみ作成でき、それ以外の場合、元素は放射性プロセスを通じてのみ変化します。 。 核種曲線から、元素がどのように非常に単純に構造化されているかを確認するのは非常に素晴らしいことです。太陽では、安定した原子に近づくために常に + ベータおよび - ベータ崩壊が発生します。 ここは、2015 年に質量輸送体であることが証明されたニュートリノの繁殖地です。 したがって、それらはすべての太陽において反重力として作用し、暗黒エネルギーの誤謬を暴露することにつながります。 オールトの雲を含む太陽の周りに形成されたすべての天体は、太陽風によってこの物質から現れました。 太陽圏はもともとオールトの雲の形成領域でもありました。 これらの天体はすべて、私たちが何と呼ぶかに関係なく、太陽によって生成されました。 (惑星の形成を参照) これは、拡大縮小した例を通じてのみ明らかになり、天文の専門家でなくても認識できます。 銀河の直径を 10 万暦年から 1,000km に縮小すると、カイパーベルトまでの太陽系は直径約 15mm のひよこ豆ほどの大きさになり、地球は太陽から約 0.157mm の距離になります。 次の星までの距離はわずか 43 メートルです。 約 140 ～ 150 億年前には、もちろん状況はまったく異なっていましたが、それがすべてを物語っています。 もちろん、これは、今日私たちが観察できるすべての太陽が所定の質量の軌道上にあるまで、他の多くの太陽の助けを借りてのみ可能でした。 残りは、距離、速度、方向が不十分だったため、ずっと前に SL の塊に吸収されました。 拒否率は 80 ～ 85% 以上であると推定されます。 太陽の間にはオールトの雲だけがあり、私たちの目に見える宇宙の世界観が明らかにされました。

私の意見では、この雲にはすべて、またはほとんどすべての太陽があります。 太陽系形成の初期には、それは物質の保護シールドでした。形成された太陽系の外側の温度が数十億年にわたってはるかに高かったため、温度が均等になった場合にのみ。 ここでは、6〜70億年後、衝突後に衝動が設定されたため、オールチクラウドの凝縮チャンクがゆっくりと追い出されました。 （オートの雲の説明を参照）OORT クラウドは、卵殻のような感覚、つまり邪魔されずに太陽系を構築するための内部の保護を与えてくれます。
原子の構造を見ると、原子シェルは電子との弱い核力によって一緒に保持されているため、圧縮可能であることがわかります。 SL 質量の重力は、弱い核力と強い核力をそれ自体の重力を介して倒し、殻を溶解する可能性があります。 核子でさえ重力によって破壊可能であり、残っているのは特異点の下のレベルにあるクォークファミリーです。 したがって、4つの基本力はすべて、1つのコンパクトな力として組み合わされました。 問題の凝集状態は温度と圧力に依存するため、これは SL 質量の膨大な総質量のために圧力を蓄積する唯一の方法です。 （未知の問題を参照）温度はおそらくこの SL 質量でわずかな役割を果たしますが、高濃度の電流も考慮されており、自由電子を通して超強力な磁場を構築し、超伝導体として、おそらく到達します。対応する温度。 50、80、100 メートルの直径の原子核の周りの馴染みのある電子軌道を想像してください。米の粒として原子核（核子）のサッカー場の衝撃点のよく知られた例を撮る場合は、想像してみてください。サイズと電子は、スタンドで周りを回る細菌のサイズ。 イネ粒の 0.004-0.005%は、量子ファミリーの陽子と中性子が自分自身を確立した純粋な成分です。 質量密度のため、SL 質量は確かに超伝導体になり、私たちにとって想像を絶する磁場を持つ高電流を生成します。 これは確かに自然の青写真の一部でもあります。 地球上の雷雨として噴火する稲妻は、SL の天候では何兆倍も強いです。 これにより、磁場または重力が作成されます。 この現象磁場は、重力を備えた独自の質量によってのみ形成され、SL 質量が重力を 100,000 光年以上の距離に伸ばす状態に到達することができます。 最大 1,000,000 光年の銀河があります。 水素を一次エネルギーとして使用して考えるという点でこれを達成することは絶対に不可能です。 そのようなエネルギーは水素からどのように作成できますか？ このエネルギーはどこから来るのでしょうか？ 雷雨でさえ、コンパスは乱暴に揺れます。それは磁場のためです。 今、あなたはこの雷雨が 1 兆倍強く、質量倍の密度が大きいと想像しなければなりません。それからあなたはそこに重力につながる力について大まかな考えを持っています。しかし、これは宇宙が機能するために必要です。この結合エネルギーの論理は、宇宙で分析的に認識できます。これは次のように説明されています。SL 質量は最大圧縮物質で構成されており、核子はありませんが、クォークのファミリーとして密に詰め込まれています。（核の 0.004-0.005%）ここでは、約 $10^{-20m}$ のスケールで、電子は $10^{-19m}$、ニュートリノ $10^{-24m}$ です。この凝集の状態では、この場合、高い重力と自然の知性のための事前に決められた計画のために、光も核融合も、いかなる種類のエネルギー損失もありません。人間はすでに自然から多くをコピーしています。これは、彼の時空の湾曲でアルバート・アインシュタインの独創的な言い訳を信じないというもう一つのマイルストーンです。（重力は非常に強いため、光さえも出ていません）。なぜなら？ 光が存在しない場合、光はどのようにしてSLの質量から出てくるはずですか？ 重力レンズ効果が完全な錯視であるように、または他の誤った原因が私たちをだまして隠れています。このレンズ効果は、惑星からの分子ガスであるニュートリノ間の混合物であり、それが一種のプリズムにつながり、光を分割することで、私たちも mi 気楼として欺きます。光は重力を介して相互作用しません。これは最終的に理解する必要があります。何が見えても。エイリアンも多くの人に見られています。それらは間違いなく存在します！ しかし、彼らは私たちのところに来ることができません。ここでは簡単なプルーフフラッシュを示しますが、これについても詳しく説明します。数十億年後、SL 質量はほぼそれ自身であると認定され、その周りには個々の太陽 (いわば最後の太陽) だけが存在します。私たちはSL 質量を暗黒物質と見なします。太陽がもう存在しない場合、この SL 質量は、質量から重力へ生じる電磁力線によってのみ囲まれているため、見ることができません。このような暗い現象を特定する方法はありません。せいぜい次のようなものです。直径 25cm の時計がテーブルの上に平らに置かれていると想像してください。この時計の真ん中にはテニスボールがあります。ここで、10 メートル離れた場所から時計の端を見て、時計の 6 が正面の時計の中央にある場合、11 時から 1 時までは、時計の後ろにあるものは見えません。テニスボール。私たちの地球の観点から、おそらく 2 つまたは 3 つの太陽の軌道が SL の周りを高速で旋回しており、その軌道がそこにある文字盤のように宇宙で行われる場合、太陽の速度と、そのときの速度を測定する必要があります。SL の塊が消えた後、再び見えるようになるまでの時間を測定します。時計の例では、午前 11 時から午前 1 時までとなります。そうすれば、暗黒物質の直径がどれくらいかを計算できます。しかし、そのような星座が私たちの視点から現れるまでには、多くの忍耐が必要です。しかし、それは不可能ではありません。それは私たちの星空観測者にとっての課題でしょう。確率原理によれば、15〜20%、または多かれ少なかれ暗黒物質、つまり、ある時点で再び発達し、その後、私たちが知っている数十億の太陽を持つ目に見える銀河として存在する既存の銀河が存在します。これは、寿命 100 億年から 1,000 億年以上の銀河の大きさに相当する永遠のサイクルです。しかし、誰がそれを確かに知っているでしょうか？このような発展を続けることはできませんし、そこまで年をとらないし、ここで根本的な結果を得るには何千世代もかかるでしょう。この本で説明されているように、この化学を使用してアイデアを得るには、さまざまな発展を大まかに見積もることしかできないのはそのためです。
銀河が他の暗黒物質を通って拡大するにつれて、数兆個の太陽がクォーク族レベルでこの物質とともに溶解します。この衝突により、両方の SL の塊が溶解して、固体または液体の形で数兆個以上の「破片」になります。わかりませんし、誰にもわかりませんが、私は液体物質の方に傾いています。液体物質は重力によって変形する可能性があり、高い重力によって丸い太陽に成長するに違いありません。なぜなら、太陽はすべて丸く見えるからです。個々の破片が過度に大きい場合、それらは小さな SL の塊として軌道上に留まるか、少数の太陽を持つ矮銀河を形成することもあります。それらは、銀河の外側の軌道や、銀河の向こう側の端にも存在します。荷馬車の車輪の銀河を使えば、このようなものが将来どのように形成されるかが非常によくわかります。大部分はさまざまな大きさの太陽になっています。核融合段階を開始することができた太陽塊は、SL の質量からの高い重力圧力を失い、より小さな独自の質量となり、太陽系の構築を開始できるようになります。これは定数として記述することができます。それらは核融合のために自動的に点火するか、SL 塊の摩擦衝突によって引き起こされる極度の熱によって駆動または点火されました。ただし、それは墜落によって生じた何百万、何十億もの高温環境に彼らがいる場合に限ります。（太陽系はこちら）それまで強かった重力を失うことで、結合エネルギーQ2 から N2 へ、さらに N2 から A2 へ、クォーク族から核子へ、そして核融合（すべての元素）への解放プロセスが、次の結合エネルギーに向けてあらかじめプログラムされています。ステップを実行し、停止できなくなります。太陽が創造されました。この瞬間、ここで何十億年も続き、SL 質量の 4 つの基本的な力が数兆の破片または破片に分散されます。これは銀河のビッグバンであると言えま私たちの目に見える宇宙の世界観が明らかにされました。

すが、それは 1 つの銀河に限り、宇宙全体ではありません (参照)スケッチスケールユニバース）それは純粋なファンタジーだからです！ 理論から離れなければなりません、それはホーカス・ポーカスです。 これらの太陽は、銀河内で高温物質の雲とプラズマの構成要素を形成し、私たちのような生命が存在する惑星を生み出します。 この第 2 の結合エネルギー段階は、太陽の外側の核で一次エネルギーとして放出され、私たちが知っているように、太陽の核の周りで外側のコロナへの核融合プロセスが始まりますが、もちろん条件は異なります。太陽の保存と一次エネルギーは、N2 上の結合エネルギー段階 Q2 から来ます。A2 上の結合エネルギー段階 N2 は、放射性元素を含む私たちが知っている元素の形成であり、原子世界の始まりであり、それがここでのすべてです。でできている。解釈が異なります。 Q2 から N2 に放出される結合エネルギーは、N2 から A2 に生じるさらなる核融合プロセスの基礎となります。 したがって、地球上の核融合発電機は過剰なエネルギーを生み出すことができません。地球上には核融合プロセスを実行するためのこのエネルギーはありません。SL 質量は、その重力によって、いわば、以前に認定された原子物質 (A2) を重力によって「帯電」させました。 私たちの地球と同じように、エネルギーは重力によって充電されます。 水の蒸発（太陽エネルギー）を考えてみてください。その後、高地に雨が降り、発電機を介して水の重力を利用してエネルギーを生成するダムが建設されます。 上のダム = SL 質量 Q2、上から発電機までの縦樋 = クォークから核子 N2、発電機 = 太陽での熱の生成 A2。 今、地球上の人々は、発電機の後に流れ出る水を利用して発電機を動かそうとしています。 パイプからの圧力がないため、エネルギーを生成する核融合は機能しません。 核融合の瞬間には、1 億℃の人工エネルギー源を提供する必要があります。 この例では、発電機が再び機能してエネルギーを生成できるように、強力な水ポンプを使用して高圧を生成する必要があります。 ポンプのスイッチを切ると発電機も止まります。 同様に、核融合は、核融合に必要な熱が供給されなくなると停止します。 これはすべてすでに起こっており、実験でもそれが示されています。 そうなると、欠けているのは心だけだ。

クォーク族を自由にするために核子を破壊するにはどのようなエネルギーを適用する必要があるか、フィードバック中に同じエネルギーが放出されます。 (記憶の例: 接触点に米粒があるサッカースタジアムの原子殻) これは、Q2 から N2 への結合エネルギー段階でクォーク族が融合して核子を形成し、その後 N2 から A2 への結合エネルギーで融合することを意味します。さらに核融合して水素、ヘリウムなどを形成するための相が偶然に発生します。 最終的に、私たちは生きていくために必要な原子をすべて手に入れることができます。 ここでも、(Q2 から N2 へ) 結合エネルギーのフィードバックが必須であり ($1\ cm^3$ = <90 兆トンであることを覚えています)、これがさらなる核融合のための一次エネルギーを提供します。 先ほども言ったように、核融合は地球上でエネルギーを生成するのに機能しないのはそのためです。 十分なエネルギーが追加された場合にのみ機能します。 しかし、エネルギーを得るということは決してありません。 (エネルギー保存則)
数学の失敗とは、SL 質量の結合エネルギー相が A1 から N1、N1 から Q1 に圧縮されることを意味します。 私が知っている限り、これに関するエネルギー定数や大きさの計算はありません。 同様に？ まだ科学の域にも達していません。 私自身、ここでは数学は二の次だと考えています。 この原理を数学的に紙の上に載せるためには、それがどのように機能するかを知る必要があるだけです。それは他の人がやるべきですが、私はそれが好きではありません。太陽のプロセスで頭が痛くなるのは、Q2 から N2、そして A2 へのフィードバック融合プロセスで太陽が光らなくなる時点です。 つまり、太陽が天文学的な時間でゆっくりと消えていくときです。 これに対する私の最初の理論は間違いなく重力です。 エネルギーの痕跡からは、何が起こっているのか正確にわかりません。 しかし、私が疑っているのは、ニュートリノによって制御される Q2 から N2 までの温度に関係しているのかもしれません。 地球上の人工核融合と同じです。 Q2 から N2 へのエネルギーが失われるため、核融合はそれ以上のプロセスを行わずにそこで停止します。 このプロセスと並行して、重力は減少し続け、太陽は地球上の鉄惑星と同様に、ガス惑星が蒸発するほど膨張します（ただし核は膨張しません）。 しかしその後、地球上の生命は何百万年も気付かれずに絶滅する運命にあります。 私たちはそれについて何も気づきません。 それとも気候変動はすでに始まっているのでしょうか？ これらの出来事は、私たちの銀河の目に見える観測のエネルギー痕跡に基づいて異なる解釈をすることはできません。 それとも、親愛なる読者の皆さん、もっと良い理論をお持ちですか? たとえば、赤色巨星はそのような現象であり、重力の減少により非常にゆっくりと膨張し、自らの惑星を食べ、ある時点で太陽の融合層から物質の星雲が発生し、比較的小さな寸法に膨張します。 。 かに星雲やわし星雲は口径が異なり、他の現象によって形成された可能性が最も高くなります。結合エネルギーフィードバックになぜ 2 つの結合エネルギー相が存在するのかについては、次のような分析理由があります。結合エネルギー相 (クォークから原子殻)

が 1 つだけ存在する場合、太陽は核融合の開始時に爆発するか、理論的な場合には残留物を残さずに完全に燃焼します。 しかし、その後に中性子星またはマグネターが存在するため、エネルギーは欺瞞できないため、2 つの結合エネルギー相があったに違いありません。痕跡はこれを示しています。 言い換えると; 2 番目の結合エネルギーは Quark ファミリーで保存され、信じられないほどコンパクトでなければならず、衝突によってのみ破壊できます。 重力が小さくなり太陽が大きくなると比例して Q2 から N2 への平衡がなくなるため、重力が小さすぎるために N2 から A2 への結合エネルギーが膨張して飛び散るのはこのためです。 ここで、比率はもはや正しくなくなり、残っているのは、まさにコンパクトなクォーク族のおかげで、比較的強い重力を持つ中性子星またはマグネターです。水素とヘリウムのほとんどは膨張する雲の中にありますが、核自体には決して存在しません。これが太陽が天文学的な時間で膨張する理由です。この膨張のプロセスは非常にゆっくりと起こり、太陽のコロナとその下層が惑星を破壊するほど大きくなり、以前の太陽風のように、巨大な分子と太陽風の雲を伴ってどんどん離れていきます。 残るのは中央に中性子星を持つ星雲です。 このプロセスには何百万年もかかります。 爆発はまったく起こらないが、太陽のコロナの膨張が高速（秒速 100 キロ？）で漂い、私たちにはほとんど測定できない可能性もあります。 10,000 年間空を見続けると、星雲は以前よりわずかに大きくなりますが、このプロセスは非常にゆっくりと行われます。 一部の赤色巨星はこの段階にあり、自身の惑星をガスに変換し、物質雲に組み込んでいます。

観測可能な爆発は、回避できない制御不能な衝突です。この大まかな概要で、おおよその意味はわかりますが、この本の読者の大多数にとって、クオーク族は未知のものです。この理論の考えられるプロセスを理解するために、これを改善したいと思います。誰もがよりわかりやすく考えることができます。私たちにとって、鉄やチタン鋼を圧縮することは不可能ですが、原子殻のサイズに注目してみると、原子殻の大きさは約 $10^{-9m}$ メートルです。 これは原子殻の外形寸法であり、現在は原子間力顕微鏡で見ることができます。 しかし、核子は 100 万分の 1、つまり $10^{-15m}$ メートルと小さく、間の空間は空です。 この空間を 100 万倍小さい核子で満たした場合、約 785 京個の核子が入る余地ができる可能性があります。元素の陽子と中性子の数は異なるため、これを物質の陽子と中性子の総数 (原子量) で割って、チタン鋼の密集した核子数を取得する必要があります。この場合、ほぼ約数になります。 .15 京の原子核。 これは、以前はチタン鋼でできた原子殻があった空間で、現在はチタン鋼の原子殻のこ私たちの目に見える宇宙の世界観が明らかにされました。

の体積内に 15,000 兆個のチタン鋼の原子核が含まれており、電子も殻内に存在する必要があります。しかし、核子よりも約 1,800 倍小さいため、これは小さいです。これは、A1 から N1 への結合エネルギー ステップであり、N1 から Q1 への結合エネルギー ステップでは、サイズが $10^{-19m}$ メートルのアップ クォークとダウン クォークがさらに 1000 倍減少します。他のファミリーメンバーであるチャム・クォーク、ボトム・クォーク、トップ・クォークは再び $10^{-21m}$、つまりほぼ 1000 分の 1 に縮小します。絶対的な殺人者は、$10^{-24m}$ メートルのニュートリノのサイズであり、これはトップクォークよりもさらに 1,000 分の 1 ですが、弱い核力と強い核力が重力によって無力化されているため、ニュートリノは存在しません。しかし今それが起きており、クォーク族からのニュートリノは最終的に-ベータ＋ベータ崩壊を介して停止し、太陽の燃焼プロセスの終わりを告げるでしょう。電子の大きさはほぼ同じオーダーです
アップクォークとダウンクォークの場合はおよそ $10^{-19m}$。大きさの比だけを見ても、ここが基本的な物質がその起源を安定させる場所であり、未知の物質はこれで構成されていると考えざるを得ません。陽子または中性子には約 100 万個のアップクォークとダウンクォークが収まると言えますが、フェルミ粒子、レプトン、ボソンはアップクォークとダウンクォークのさらに 1,000 倍小さいため、Q1 結合エネルギーに達します。電子は安定しており、分割も破壊もできないことが証明されており、他のクォーク族のメンバーがそれに応じて行動するのと同じように、それに反対するものは何もなく、むしろ電子が変更できないという事実を物語っています。それらは重力の発生源であるため、物質がどのような状態に存在するかに関係なく、常に活動しています。この重力構造は、円盤構造の太陽質量と SL 質量とをほとんど区別できません。デザインは同一であり、エネルギーの痕跡からはっきりとわかります。これにより、同じ物質が特定されることになります。

このような物質を使用してのみ、太陽とその惑星が数十億年かけて蓄積し、その後何十億年もエネルギーを放出し続けることが可能になります。このエネルギーサイクルを通じて、SL 質量内での太陽の消滅と再構築を伴う太陽の痕跡は、間違いなく新しい銀河の創造のための絶えず繰り返されるプロセスにつながります。自問してみると、私たち人間は何回存在したのでしょうか？ それとも、自然は毎回少しずつ異なる形で私たちを形作っているのでしょうか？ このような化学業務用キッチンアースにおける確率の原理では、おそらく時間に余裕のある組み合わせの問題に過ぎません。

私たちの目に見える宇宙の世界観が明らかにされました。

**13.2.)** 銀河の世界公式。

この世界公式は、今の時代において画期的かつ革命的なものです。 ついに、私たちの宇宙の研究を前進させる突破口が開かれ、新たなマイルストーンが達成され、そして非常に重要なことに、気候変動と戦う正しい方法が明らかになりました。 私は、気候変動に反対するデモを通じて何かを達成しようと無責任な行動をとっている何百万人以上の気候変動活動家たちに訴えたいと思います。 これを読んでいる人は誰でも、私たちがここで扱っているエネルギーの怪物がどのようなものであるかを知っているはずです。 ざっと見積もると、これは約 150 平方メートルの石油に相当します。 天然ガス 15 万平方メートル、石炭、木材、その他 250 平方メートルを除外する。 これらの量は現在、世界中で毎秒爆発しています。 そう考えさせられるはずだ。 これが私が世界の方程式を明らかにしたいと思った主な理由でした。 それが私にアイデアを与えた理由です。 なぜなら、これまで誰も思いつかなかったことを思いつくのは本当に簡単ではなかったからです。 2015 年のニュースは私にとって有益でした。 ニュートリノには質量があるため、エネルギーも運ぶことが発見されたからです。

すべてはすでに十分に説明されているため、ここでは非常に簡潔に要約した要約を示します。 宇宙の大きさの説明の前に、望遠鏡で何が見えるのか。 私たちの天の川が CD 10 ～ 12 cm ほどの大きさであれば、望遠鏡で約 15 ～ 20 km 先まで見ることができます。 山の上に立って、たとえ理論上であっても、地球を全方向に見渡すことができると想像してみてください。 2 メートルごと、または 3、4、5 メートルごと、場合によってはそれ以下の間隔で、見渡す限り銀河が存在します。 これらには、直径 100 万光年までのさまざまなサイズがあります。 これらの兆以上の銀河のうち、私たちの銀河は約 3,000 億個の太陽を持つ小さな銀河にすぎません。 すべては異なる発達段階を持っています。 これらすべてがどこからともなく出てくると思いますか? この世界公式は、私たちの銀河がどのように生きているかを教えてくれます。私たちは、約 120 ～ 160 億年前に起こった銀河の小さなビッグバンから始まります。 SL の塊は引き裂かれ、何兆もの太陽が進化しており、その中には私たちと同じような太陽もあります。 核融合を通じて、太陽の核にある SL 質量は、最初の 50 ～ 70 億年以内に、または高温のためそれ以上に必要な元素 (118) をすべて放出します。つまり、今日太陽系で見られるものはすべて放出されます。 これは太陽系に秩序があるように太陽の重力によって指示されました。 惑星は、私たちの目に見える宇宙の世界観が明らかにされました。

私たちの物理法則が許すとおり、物質の熱力学的状態に基づいて形成されますが、それは私もよく認識していました。 次のスケッチでは、惑星から太陽までの距離がわかります。 物質、塵、ガスから形成されたと言われている星や惑星の形成についての科学の見解について、何年も続いているホーカス・ポーカスを未だに誰が信じることができるでしょうか？ 私たちの太陽系の寿命の間、エネルギーが放出され、分子であるものはすべて SL 質量に戻ります。 これには何十億年もかかります。 この間、地球は生きており、私たちが地球とともに過ごせるのはほんの一瞬だけです。 そして、太陽が別れを告げ、あちこちの明かりがゆっくりと消えていきます。 宇宙にもこのようなものが存在することがわかります。 ある時点で、私たちの銀河の準備が整い、おそらく遠くの銀河の他の住民は、私たちの最後の星が SL 質量の周りを飛び回るのを観察し、それが暗黒物質にすぎないと考えるでしょう。
SL の群衆が再びすべてを集めると、ある時点で楽しみが再び始まります。これが私が宇宙の生命をどのように見ているかです。 人は自然が生み出したものにただ賞賛することしかできません。 これらはすべて完璧であり、それによって個々のクォーク (スケッチの右下を参照) が宇宙での存在を正当化するためのタスクの分配を受けています。

13.3.) 宇宙のすべてを含む基本粒子の標準モデル。

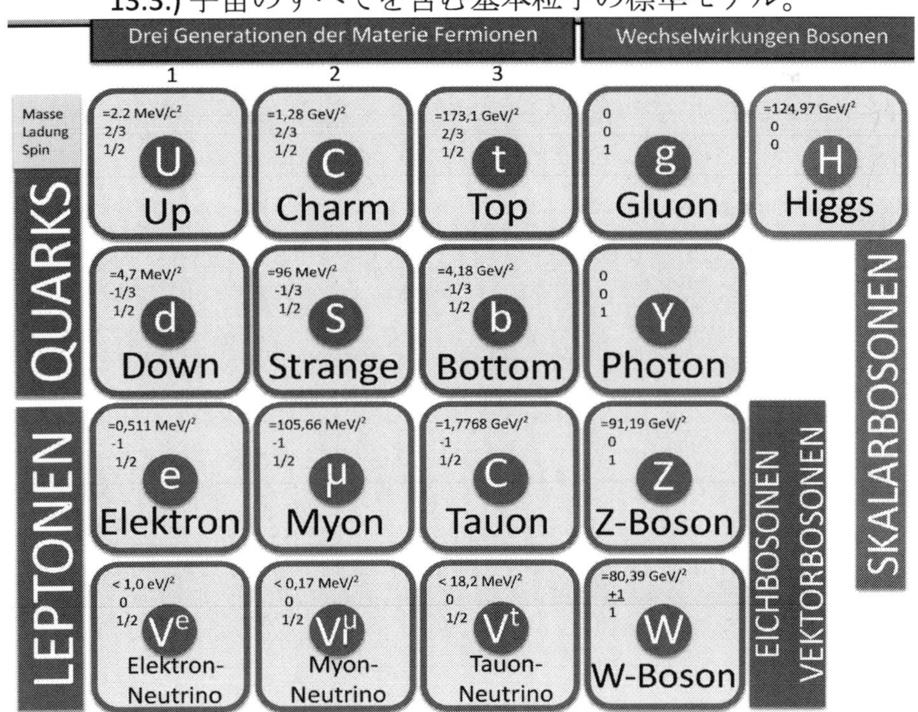

私たちの目に見える宇宙の世界観が明らかにされました。

スケッチ: 3 ワールドフォーミュラインターフェイス。

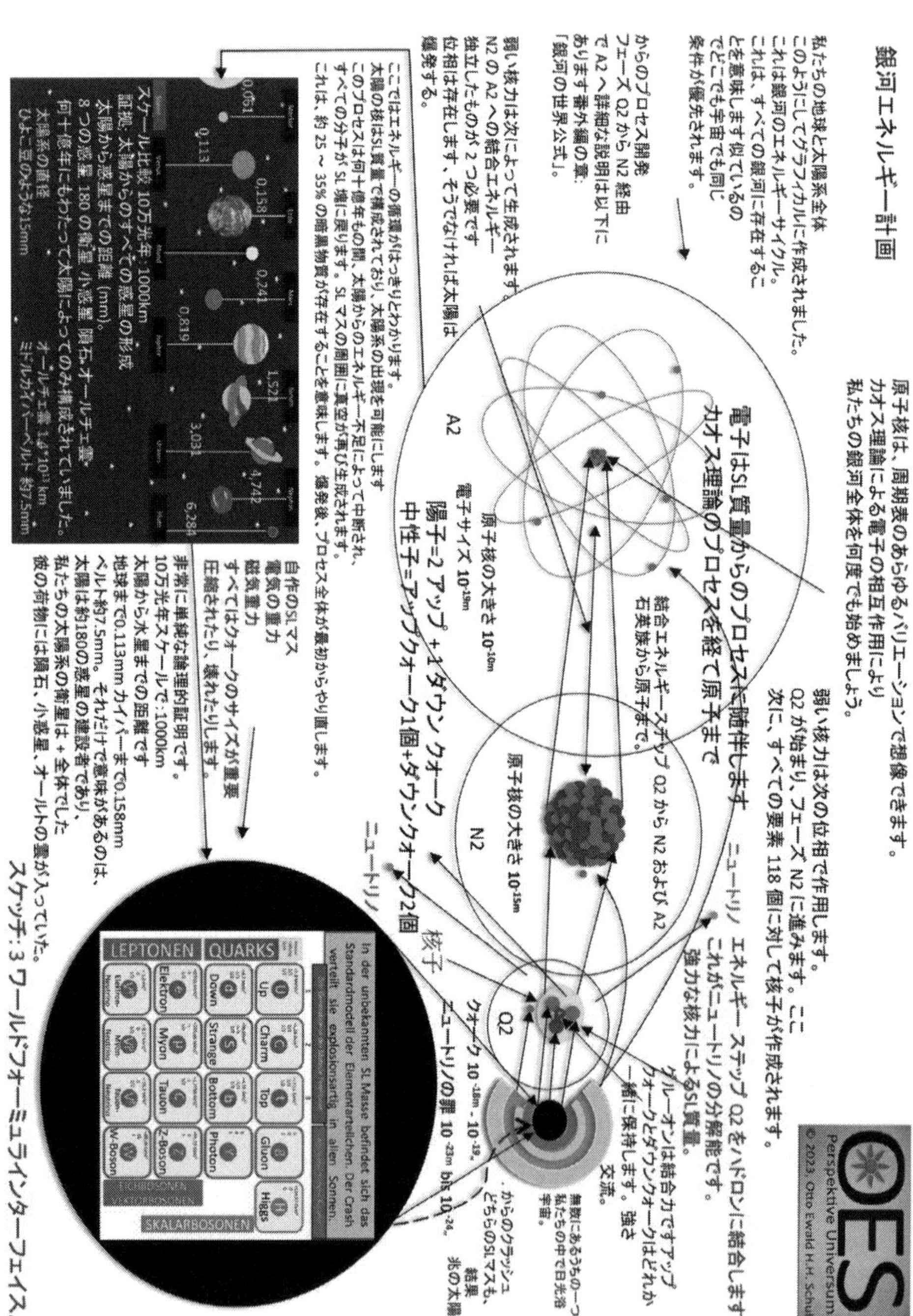

私たちの目に見える宇宙の世界観が明らかにされました。

**14.)** 私たちの太陽。

太陽は SL 質量と同じ物質 (未知の質量) で構成されており、4 つの基本的な力がすべてその中にあります。 しかし、弱い原子力が待ち構えています。 電磁気と重力は、私たちの科学によって 2 つの異なる基本的な力として認識されている 2 つの基本的な力ですが、それらは別々に考慮したり分離したり、個別に出現したりすることはできない形で相互に関連しています。 ですから、どちらの起源も、どう考えても電子にあるのではないかと私は考えています。 したがって、基本的な電磁力は、両方の基本的な力を合わせて 1 つとして数えます。 なぜなら、分子であれ原子であれ、何かがあるところには電子も存在し、個々の電子が運動する時点ですでに磁場が存在しているからです。 電子は静止していません。一方で、重力波は数百万光年にわたって広がり、2 つの SL の塊が衝突したときにのみ波として生成されます。 つまり、重力波は非常に強いのです。 これは、地球上の雷雨による稲妻にたとえることもできます。 これにより重力波も発生し、2 つの SL の質量が衝突するとその重力波は何兆倍も強くなります。 (数字を挙げるだけです) 第二に、重力は、それ自体の質量を伴う重力として作用します。つまり、重力は、特定の質量深さからそれ自身の圧縮された質量によって一緒に押し付けられます。 したがって、太陽コアは、もともと SL 質量内で圧縮された物質で構成されています。 私たちが知っている大きさの太陽は、それ自体で質量を圧縮することができません。 太陽として質量を吸収するのではなく失うからです。 この論理的な結論は、すべての太陽の最大サイズが一定の大きさでなければならないという事実につながります。しかし、はるかに大きな太陽が存在するので、塵と物質から形成されるというこの理論は完全にナンセンスです。 衝突によってこの太陽の塊が SL 質量から解放された瞬間から、膨大な摩擦温度と SL 質量からのそれまで高かった重力の突然の低下により、太陽の核融合機能が始まります。 (推測) したがって、太陽コアから太陽コロナへの形成は、結合エネルギーの 2 回のバーストによって起こるはずです。 このプロセスは、地球上で木材を燃やすことにも似ており、炭素、酸素、水素が結合し、主に二酸化炭素が生成されます。 そのため、木は爆発せず、クォークの基本要素と同様に燃え尽きます。 もし科学者たちが信じているように、太陽が水素だけでできていたら、太陽は爆発するでしょう。 これは、結合エネルギーの爆発を必要とせず、突然爆発するプロパン ガスなどのさまざまなガスで発生します。非常に高温の環境（衝突時は数百万から数十億℃以上）のため、太陽系の構築には数十億年という天文学的な時間がかかります。 太陽は数百万℃で溶けるため、最初の高い周囲温度と比較すると、空調システムのように機能します。 このことは、他の天体のエネルギー観測を通じても言えます。 太陽コア表面では、Q2 から N2 への結合エネルギーの分解がクォークファミリーのメンバーの形で発生または発展し、そこから核子が出現します。 同時に、カオス理論プロセスにより、異なる数の陽子と電子を含む中性子の原子殻が生成され、むしろ原子が正しい位置に配置されます。 これは、原子世界の変換における最後の結合エネルギー ステップ N2 から A2 になります。 構造が単純なため、主に水素とヘリウム。 ベータ崩壊は最初の結合エネルギー段階で完了し、太陽の最初の一次エネルギーとみなすこともできます。 ベータのプラスとマイナスは、主に量の点で減衰し、水素からヘリウムへの変化は、実際の総太陽エネルギーの副産物にすぎません。 現在、弱い核力と強い核力がこれらのプロセス中に生成され、太陽を通して私たちの原子の世界を形作ります。 元素の完全な核種曲線は、主に最初の 60 ～ 70 億年の高温範囲で構築されます。ここで暗号化が接続され、場の量子論と一般相対性理論の間の境界線または界面につながります。 太陽コロナの構造は重力のみに依存しており、ここでは基本的な内部力（電磁気と重力）（最適な表現は実際には電気重力磁気と呼ぶべきである）が、結合エネルギープロセスの下層を備えた太陽コロナの対応する構造を制御している。 この核融合の最終段階では、重力は太陽の表面の凝集を制御するのに十分です。 これは、簡単な観察によって他のさまざまな太陽でも見ることができます。 (赤色巨星、白色矮星など) これらの現象はすべて、星屑や分子雲から形成されることはなく、まったくのナンセンスであり、ホーカス ポーカスです。 私はこれを少なすぎるよりはむしろ頻繁に言いたいと思っています。太陽の最大のエネルギー放出は、ニュートリノなしでは想像できません。なぜなら、これらのニュートリノは、2 つの異なる思考構造において、後の太陽の存在意義を制御するからです。 一方で、ニュートリノは砂吹きのように太陽の核の表面に衝突し、ニュートリノを放出することで、クォーク族が核子に現れることを促します。 忘れてはならないのは、太陽核の質量の素粒子のサイズは $10^{-19m}$ から $10^{-21m}$ $\mu$ m です。 サンドブラストブロワーとしてのニュートリノは、$10^{-24m}$ メートルと1,000分の1の大きさです。 だからこそこのようなことができるのです。 この「ニュートリノサンドブラスト」のプロセスは、制御されていないプロセスが太陽内で起こらないように、エネルギーを基本的に一定に供給するために重要です。 ニュートリノは太陽の核を通って飛行できないことを忘れないでください。 ニュートリノのこのプロセスがなければ、これは当てはまります。 このプロセスを独自に制御する他の方法は思いつきません。 このメカニズムがなければ、太陽は制御されずに核融合プロセスに切り替わってしまい、その後はどうなるでしょうか?私がこの仮説に傾いているのは、赤色巨星への変化の後半の過程で、太陽核が小さくなるにつれてニュートリノの衝突が徐々に減少し、太陽コロナが太陽核から遠ざかり、膨張してそれ自体の太陽系を破壊するからです。 これは論理的な結論でしょう。 木を燃やすと、酸素が不足すると木はゆっくりと消えていきます。 その後、中性子星が太陽から出て、星雲が前の太陽コロナとして現れますが、これはこのプロセスを観察的に示しています。 中性子星で核融合が失敗するのはなぜでしょうか? なぜ中性子星の質量はマグネターとして超強力な磁力も与えるのでしょうか? これら2つの質問は、私が考えていたことに対するさらなる答えを提供します。 この現象のさらなる証拠により、この段階では太陽系の外に惑星が存在しないことが確認されています。 同様に、中性子星には惑星がなくなりました。 明らかに、太陽は常に自らの惑星を生成し破壊することを意味します。 それではまた! 今日でも教えられているように、太陽や惑星はガス、分子、塵の雲の中で形成されることはありません。 それは単に論理を持たず、エネルギー保存則に違反します。 なぜなら、ガス、分子物質、塵雲、さらには石や小惑星などもすでに古典的な原子の世界の一部であり、太陽のようなエネルギーは再生できないからです。 それは永久機関ですが、そんなものは存在しません。 エネルギーは変換することしかできず、エネルギーを増やすことはできません。何度も述べてきたように、エネルギーを生成するために非常に切望されている水素をヘリウムに核融合することは、残念ながら私たちの地球上では不可能です。 エネルギー保存の法則によれば、これが問題の核心であり、痛ましい誤謬に終わるのですが、それが地球上で核融合によるエネルギー生産が存在しない理由です。 核融合炉でプラズマを形成するには他のエネルギーからエネルギーを供給する必要があり、結局はエネルギーを生み出さない核融合実証にとどまる。

2 番目のニュートリノの思考構造は太陽環境に入り、反重力として現れます。 それはどのように理解すべきでしょうか？ 最初の構成で説明したように、ニュートリノは現在、自分自身の太陽に衝突していません。 今、彼らは他の太陽を照らして押しのけようとしています。 それらの質量は非常に小さい (約 0.6 ～ 0.9 eV) か、場合によってはまったくないため、信じられないほど小さいですが、質量はあります。 この現象は、暗黒エネルギーと世界の拡大を説明します。

説明として、すべての太陽がこの原理に従って機能し、太陽の集中度に応じて、最適な距離がすべての個々の太陽によって独立して制御されると想像する必要があります。 このようにして、それぞれの太陽は、数十億年にわたって、最も近い太陽と必要な距離を維持することができます。 このため、私たちの太陽は、他の太陽に引き寄せられることなく、銀河の周りを 60 回以上回転できた可能性があります。 この側面の下でのみ、重力 (決してスイッチを切ることはできない) が抑制され、操作され、制御された方法でその仕事を継続し、惑星上で生命が発生することができます。 その後、太陽が徐々にすべてのエネルギーを使い果たした場合、ニュートリノはなくなり、SL はすべてを引き込み、銀河全体の生命を再び目覚めさせます。

ニュートリノエネルギーによる精密な解説。

私たちの目に見える宇宙の世界観が明らかにされました。

**14.1.)** 私たちの要素の期間システム。つまり、すべてが太陽系にあること

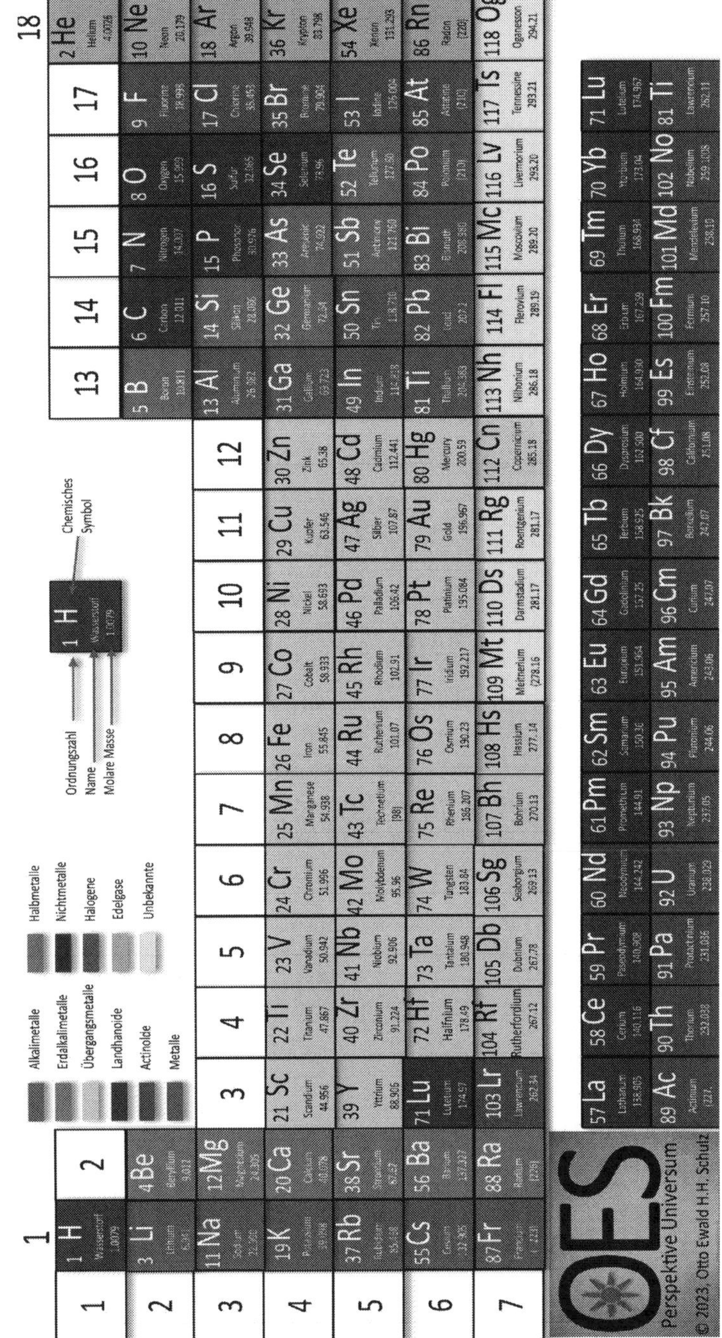


を意味します。

私たちの目に見える宇宙の世界観が明らかにされました。

スケッチ: 4 つの世界観の太陽系。

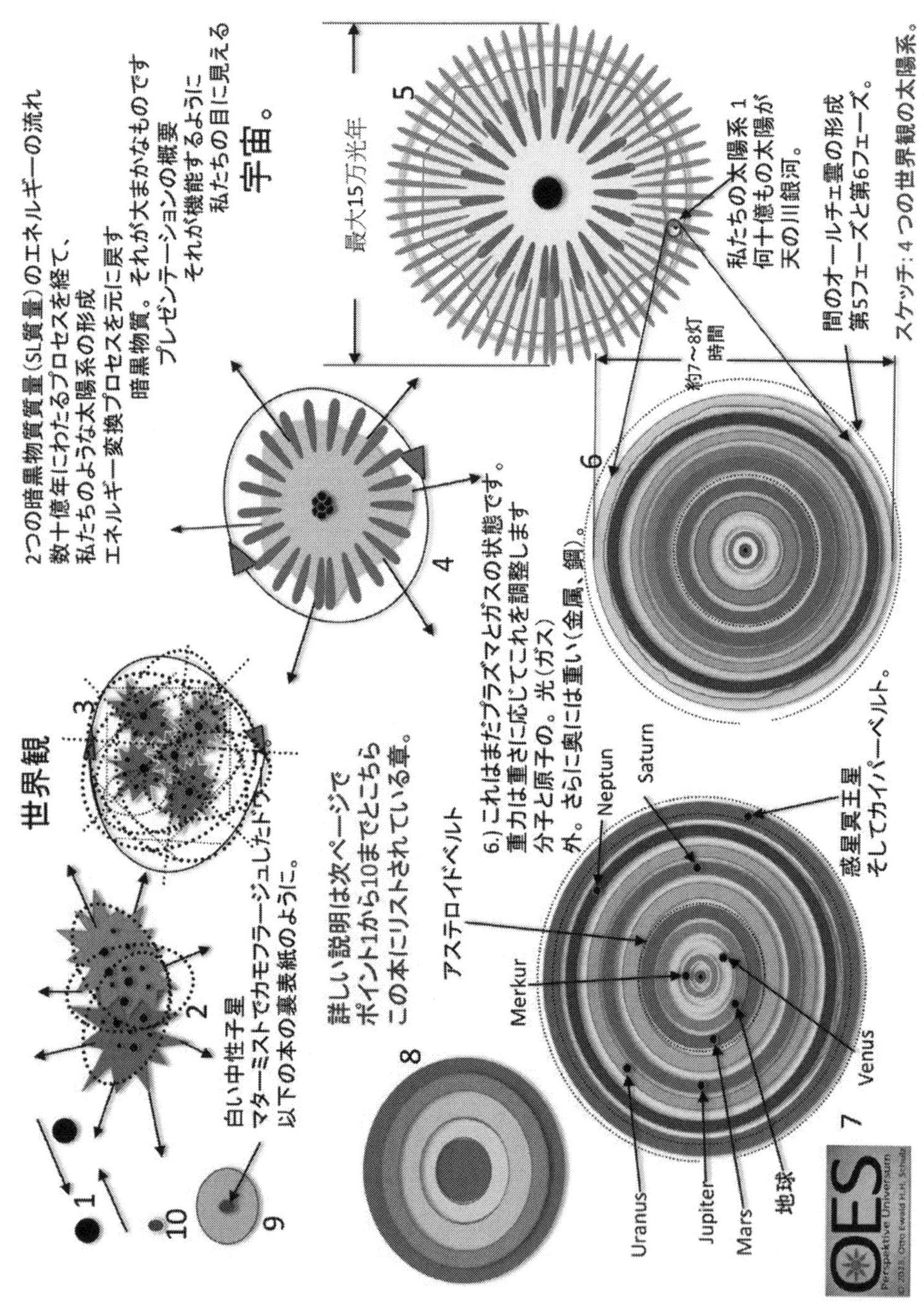

私たちの目に見える宇宙の世界観が明らかにされました。

スケッチ 5 タイプ。

**私たちの目に見える宇宙にある数兆個以上の銀河のエネルギーサイクルの概要説明。**

1.) 完全に暗闇の中で始まります。2 つの SL の塊が自身の方向を定め、重力によって互いを識別します。で
このコースからは後戻りできなくなり、将来の爆発によって想像もできないエネルギーが放出されるでしょう。
彼らのコース。大きさの異なるSLマスが常に混在するため、複雑な差異が生じます。
2.) サイズに応じて、爆発は最大数百万年続く可能性があります; これを最大 5 光月のサイズで考慮する必要があります
SL質量の直径は、この時間をかけてスローモーション再生する以外には不可能であると想像します。スピード
速度、サイズ、エネルギー分布、熱発生による摩擦、これらすべてがこの大きな時間枠における影響に影響します。
3.) 速度が 200 ～ 300 万 km/h を超え、銀河の端までの距離では、半径は最大 400,000 光に達します。
何年も。そうすれば、そのような爆発がどれくらい続くかを計算できます。ここは制御不能な太陽がみんなの中で遊んでいる場所です
方向はバラバラに飛び、太陽とニュートリノの重力を反重力として、それも含めて
SL 質量の重力場は、その後の渦巻き腕を持つ銀河を形成します。私たちのこのプロセスは物質の霧を通して行われます
残念ながら見えません。摂氏数十億度まで加熱されている銀河の内部で現在起こっていることすべてが、各章で説明されています。
4.) この状態では、約 40 ～ 50 億年後、ゆっくりと形が形成され、それがどのようなものであるかがわかります。
5.) 現在、銀河はすでに、SL 質量の周囲の一種のディスコディスク上に太陽とともに明確に位置しています。私たちの太陽は
幸いなことに、彼らは進化の過程をうまく生き延び、過去にプラズマとガス分子雲を構築してきました。
6.) エネルギー保存の物理法則によれば、重力によってプラズマがどのように形成されるかはおおよそ次のとおりです。
太陽がその周囲の質量の上にあると想像してください。重い元素は太陽に近く、ガスは太陽から遠ざかります。
惑星形成とその中間には典型的な小惑星帯が存在するが、これは元素の不適合により後に小惑星帯にはならない
惑星形成が近づいています。例として、水 H2O とガス プロパン $C^3H^8$ が互いに反発し合うとしましょう。もちろん、その他にも反発します。
7.) この段階では、カイパーベルトと衛星を含むすべての惑星とすべての隕石と小惑星が対象となります。
オールトの雲が形成されました。太陽はうまく仕事をし、地球上に生命を生み出しました。その時、
オールトの雲は、太陽系に比較的近いものの、太陽系からは比較的遠い衝撃によって、保護物質として押し出されました。
8.) 人生はとうの昔に終わり、太陽のエネルギーは蒸発し、すべてが再び SL 集団に集まり始めます。
この目的のために、太陽はその骨の折れる創造活動を破壊するために上昇するエネルギーを必要とします。それは本当だろう
高速処理の効率のため、銀河定数に含めることができます。そうするとニュートリノは存在しない
さらに、雲の中に芽生えたこの小さな矮星は、他の赤色巨星から質量を得ることができるのです。
9.) その後、太陽は白色矮星になり、いたずらをするために白色矮星のように服を着ました
運転する。彼にもその責任がある。なぜなら、銀河のあらゆるものには意味があり、何も終わっていない、すべてに意味があるからです。
10.) ここで私は太陽の端として小さな中性子星を選びました。などの他のオプションもあります
物質は原子物質から SL 質量に戻ります。どう見てもこんな銀河の果てに
その過程で、以前は銀河の代わりにあったものが再び完全な真空状態に残ります。質量を吸収した状態で
私の推測では、1号機の2つのSL塊のうち、再稼働時に新たなSL塊が形成される可能性があるのは60～70%程度残っていると考えられます。
SLマスが残った。残りの 30 ～ 40% は空間のあらゆる方向に不均一に分布しました。

スケッチ: 5 タイプ。

OES
Perspektive Universum

私たちの目に見える宇宙の世界観が明らかにされました。

**15.) 太陽系の形成。**

私たちが今知っているように、太陽は SL の質量と同じ物質でできていますが、衝突の結果、太陽は重力によってそこで圧縮され、破片になったり砕けたり、あるいは粘性のある状態で飛び散ったのでしょうか? いずれにせよ、それはそれ自体の集合状態（それはまだわかっていません）を必要とし、それは高重力を通じて太陽の絶対的な一次エネルギーの開始につながるだけです。 この圧縮、つまり原子殻の溶解（または圧縮）によってのみ、原子殻にあった結合エネルギーが数兆倍蓄積されます。1000m3 のチタン鋼ブロックを 1mm3 に圧縮するにはどれくらいのエネルギーが必要になるかを想像してみてください。 SL 自体の重力によって SL の質量に蓄積されたこのエネルギーは、後に破片との衝突によって剥ぎ取られ、太陽として活動します。 最初のエネルギーの放出は、SL 質量重力と高い周囲温度の解放によって行われ、太陽の核融合プロセスに点火します。 高い周囲温度と SL 質量からの非常に高い重力の欠如により、必然的に結合エネルギー A1 が N1 に、N1 が Q1 にフィードバックされます。このプロセスは非常に複雑であるに違いありません。エネルギーの痕跡が詳細に示しています。 このような高温では、周期表にあるすべての元素が今後 10 ～ 60 億年かけて形成され、太陽の周りの熱い鐘の中でガス状のプラズマ状態に閉じ込められたままになります。 当時のオールトの雲の外側の高温がゆっくりと冷えるまで。 太陽風によってゆっくりと膨張するこの鐘（オールトの雲）は、最初は 100 万倍の温度に閉じ込められ、数十億年後に外側の凝縮領域でゆっくりとオールトの雲を形成します。この結露の領域は、冷蔵庫からボトルを取り出し、ボトル上の水の結露を観察することに匹敵します。 太陽の内周のような低温の内部で、熱法則 (圧力と温度) (露点) に従って凝結界面が発生する場所で、オールトの雲が形成されます。 私たちの太陽系内のすべての物質は、太陽の周りのガス泡の中に存在しているか、その中に存在しており、そのガス泡は今日の太陽圏にまで広がっています。 はるかに高温の環境によって、10 億年から 80 億年の間そこに保たれます。 ニュートリノの放出は太陽の核融合と同時に始まり、重力が打ち消す以上の衝撃を周囲の太陽に与え、太陽が他の太陽からできるだけ遠く離れた位置に留まるようにします。 もしこれがすべての人に当てはまるなら、銀河内部での衝突はほとんど起こらないだろう。 それは暗黒エネルギーです。 この間、オールトの雲の外側の温度が低下し、圧力が低下し、オールトの雲は太陽風を通じて太陽から追加の脱出速度衝撃を受けることができました。 同時に、太陽は卵の中のように、温度が低下するにつれて惑星の形成につながる絶え間な私たちの目に見える宇宙の世界観が明らかにされました。

い核融合によってオールトの雲の中に大気を作り出しました。 したがって、オールトの雲を卵の殻に匹敵する保護シールドと見なす必要があります。 まさに、月の形成とともに惑星の周期がどのように起こったか、これらは、熱力学の法則と材料によるさまざまな集合状態で生じるすべての要素間の正確な仕様です。 これはすべて重力によって制御され、各素材がパーセンテージで正しい位置に配置されます。 ガス惑星が鉄惑星よりも太陽から遠いのはそのためです。 先ほども言いましたが、このプロセス全体には何十億年もかかりました。 私たちの地球が地球になる前に、銀河系の天の川ビッグバンからすでに 80 億年が経過していました。

**15.1.)** 月が形成される惑星。

確率と単純さのため、例 $H^3$ よりも頻度は低くなりますが、主に単純な原子が形成されます。 核子の数が増加する元素は、核種曲線に従って生成される量が減少し続けます。

多数のマイナスおよびプラスのベータ崩壊が発生し、三重水素 $^3H$ および重水素 2H からヘリウムへの移行は核物理学の研究者に感銘を与え、無限の将来のエネルギー源とみなされていますが、残念ながら機能しません。

これにより、私たちが知っている成層圏上空の太陽エネルギー 1,367W/m2 の 1,000 倍 (私の推定) を超える、非常に高いエネルギー (ただしすでに最初の結合エネルギー段階にある) を地球にもたらすニュートリノが生成されます。 ニュートリノのエネルギーは、どこにいても地球に浸透し、24 時間活動します。 私たちはそれらを使用することができません。 ニュートリノエネルギーは将来、地球全体のエネルギー供給を確保するのでしょうか？ それは時間の問題ですか？ 詳細については、www.neutrino-energy.com をご覧ください。そう言う研究者もいますが、それもうまくいきません。 この物質は私たちの地球上でも、どの原子世界でも互換性がありません。 原子の大きさを見れば、それ以上の疑問はありません。

この新しい再生可能エネルギーはまだ初期段階にあり、現在私たちが使用している熱放射や光放射からわかるよりも何倍も高くなります。 この確信の一歩は、未来のエネルギーの実現におけるマイルストーンとなるでしょう。 これは同時に、太陽の一次エネルギーが基底部での水素とヘリウムの核融合で構成され得ないことも意味します。 私は、ニュートリノは He への 3H 核融合によって発生するのではなく、核子の形成の初期に発生すると考えています。 なぜなら、それらはグルーオン形成のための制御された供給を調節するからです。 それは後で証明されることになります。 気にしてください！ ニュートリノからのエネルギーについて彼らはそう言っています。 ただし、ここでもう少し説明する必要があるかもしれません。 この予測を実現するには、太陽の核にほぼ似た物質が必要です。 何か気づきましたか？ 残念ながら、この物質は地球上では適合せず、すでに述べたように、量が少ない場合は何兆トンもの重さになるでしょう。 だから、すべて忘れたほうがいいのですが、人々が何を思いつくかは興味深いものです。
太陽系の形成は非常に複雑なプロセスであり、一部の太陽系が私たちの太陽系よりもうまく機能する可能性は不可能ではありませんが、私の意見では、太陽系の形成プロセスの大部分は、地球上で私たちが行うように生命をもたらすものではありません。 ここで自然は、クオーク族の遺伝子の非常にわずかな利用によってこれらの確率原理を定着させました（私にはそう思われます）、またはそれは太陽の大きさによるものです。ここ地球上にも驚くべき類似点があります。 私が言いたいのは、地球上の自然界では、極、精子、種子が何百万、何十億もの植物や生物に分布しているが、そこから生殖のために出現するものはほんのわずかだということです。 これは太陽系を大まかに想像できる方法です。 おそらく、比率 1:1,000,000,000 が役立つでしょう。その場合、私たちの銀河系にはまだ 200 ～ 300 個以上の地球に似た惑星が存在し、数兆個以上の銀河が存在することになります。 このように考えると、私たちのような地球は約 1 兆個存在し、140 ～ 150 億光年先まで見える銀河だけが存在することになります。
これは、親愛なる読者の皆さんに、さらに個別に検討していただくための衝動としてです。 エネルギー伝達とエネルギー節約の欠如により、太陽系間の出会いとの個人的なつながりがここでは決して起こらないのは残念です。
では、2 台の SL 塊が墜落してから最初の 2 億年の間に何が起こるのでしょうか? 衝突だけは約 200 万年から 400 万年以上続く可能性があり、SL の質量にかかる高い摩擦と圧力により数十億の温度が発生します。 膨張は主に高温とそれに伴う圧力によって引き起こされます。 膨張速度は少なくとも 1500～2000km/秒です。 内側のクラッシュコアが膨張します。 この高温で膨張するガスの泡は、あらゆる方向にさまざまなサイズの何兆もの太陽の塊を伴い、カオスのような方法で分布します。 この衝突により、非常に明るい球形または楕円形の新しい銀河が形成されます。 高ガンマ線、高電波内容、そして時にはジェットを使用すると、このプロセスは数百万年にわたって特定できます。 (通常、楕円銀河が形成されます)
最初の閃光は、もやとガス雲に包まれ、比較的早く遮蔽されるため、比私たちの目に見える宇宙の世界観が明らかにされました。

較的天文学的に短いです。 100 年後、このもやの雲は 15 兆 km 近くまで成長しましたが、天文学的な基準からすれば、まだ宇宙に見えるのは小さくて明るい点だけです。分裂の瞬間から、太陽ではすぐに核融合が始まります。 特大のチャンクは、現在も将来も SL の塊として残りますが、それは現在の運命の旅で軌道を獲得した場合に限られます。 ここには、後の成功のためにスパイラルアームフォーメーションに統合されるべき多くのハードルと幸せな出来事があります。 連続速度 1500～2000km/秒で。最初に打ち上げられた太陽は、約 500 万年以上の年月を経て 5 万光年の距離に到着します。 私たちの銀河は現在ほぼこの半径になっていますが、もともと衝突後の時間では、膨張はほぼ 100,000 光年 (半径) でした。 外輪および後続のチャンク内のニュートリノの相互の重力の影響と反発力により、長い旅の途中で衝突が発生しますが、そのすべてを回避できるわけではありません。 その後のすべての太陽は、ますます密度の高い粒子ガス雲の抵抗を受け、制動や方向転換のために前方を飛んでいる太陽の小さな破片が発生しました。 このプロセスにおける重要な要素は、太陽の核融合による高温の銀河ガス泡の冷却です。 この冷却プロセスは約 60 ～ 70 ～ 80 億年前に終了しました。 最初の 60 億年間、気温は数十億℃の範囲にありました。 70 億年の瞬間から（純粋に仮説ですが）太陽系内部領域の温度が優勢になりました。 補償温度は、太陽系のガスバブルと銀河全体のガスバブルの間で約 1,000 ～ 1,500 万℃でした。 しかし、最初の 60 ～ 70 億年では、この冷却プロセスは惑星の形成に不可欠であり、鉄、金、ウランなどと同様に、非常に重い原子が融合しました。他の小さな断片によって。 銀河形成の最初の 3 分の 1 にのみ起こったこのプロセスでは、時速 200 万 km 以上の太陽と、今日の太陽の真空環境にある他の物質の環境との間の高い摩擦エネルギーが、核融合温度に達しました。重元素に。 この衝撃耐性により、速度は数十億年かけてゆっくりと低下しましたが、現在ではこのプロセスは完了し、オーロラを介して地球に金が降り注ぐことはなくなりました。 太陽の下で瞬時に形成できるのは、わずかな元素だけです。

今日と同じように、原子や分子を伴う太陽風が太陽系の周囲を加熱しますが、この間、温度は数十億℃以上から少なくとも 5000 ℃未満まで冷却する必要がありました。太陽の周りに形成されたオールトの雲によって捕らえられた分子のもや雲が崩壊する可能性があります。 この雲は銀河全体からの熱圧によって閉じ込められました。 もちろん、これら 2 つの媒体間の冷却プロセスまたは凝縮領域は、この雲の外縁で最初に発生しました。 たとえば、氷のように冷えたボトルを冷蔵庫から取り出すと、私たちの目に見える宇宙の世界観が明らかにされました。

ボトルについた水滴は、結露の境界で形成されたオールトの雲の塊です。これによって生じた現在の痕跡は、この冷却段階でオールトの雲となっています。 なぜなら、千兆以上の凝結塊を含むオールトの雲は、この現象の比類のない証拠だからです。 現在では、1〜1.5 光年の距離にある太陽系全体を球形の保護マントのように包み込んでいます。 ということは、彗星はいつでも私たちに遊びに来てくれるということです。 そして、これらの彗星も太陽系に属します。 今日私たちが見ているように、この発達段階に達する太陽は、私たちのような銀河に相当する、わずか約 2,000 億から 3,000 億個だけです。 銀河の外に爆発した太陽質量と SL 質量が失われる確率は、最初の 2 つの SL 質量の総質量の約 5% です。 SL 質量がなければ銀河は機能しないため、両方の SL 質量からの残りのほぼ 95% が回収され、SL 質量に補充されました。 彼女は銀河のすべての支配者です。 おそらくそのうちの約 1% 以下が到達し、約 100 億年後には渦巻腕銀河を形成するでしょう。 この説明では、銀河はそれに応じて約 5% の損失を差し引いて成長しました。 この成長段階は、ある時点で衝突が発生し、(他の距離ですでに観察されているような)銀河団が形成されるまで続く可能性があります。 これらの銀河は、天の川銀河の 10 倍の大きさになります。論理的には、この理論的相互作用のカオスでは、最も不可能なコンステレーションが可能です。

私たちの太陽はその運命の旅をよく生き抜き、今日存在するすべての太陽は軌道を探し、見つけたと言えるでしょう。 しかし、誰もが私たちの太陽のように無傷で逃げたわけではありません。そうでなければ、私たちは存在していないでしょう。

10 億年後の現在の銀河の状態はどうなっているのでしょうか?

5,000 万年目から 1 億年目にかけての衝突の後、SL 質量はすぐにコンパクトな SL 質量に退行しました。これは、この強い重力がなければ銀河は機能しないためです。 これは、楕円形の熱い小さな原始雲から渦巻き腕銀河を形成するためのエンジンです。 (側転銀河) 10 億年目は「ゴミ」がたくさん集まるため認定が非常に高い。 すぐに渦巻銀河になるために、銀河の浄化プロセスが本格化しています。 大きさにもよりますが、これには数十億年かかります。 後の円盤形成の上下に飛び出した太陽はすべて、SL 塊の「南極と北極」にある非常に強い重力場によってすぐに捕らえられました。 これらの太陽は、SL 質量の入口磁場と出口磁場に近づきすぎたため、降着しました。 しかし、これらのタップされた太陽のせいで、今日の太陽の速度は、以前は非常に速かったのですが、現在の約 800,000km/h まで速度が低下しました。 外側の銀河で回転速度がこれ以上私たちの目に見える宇宙の世界観が明らかにされました。

低下しなかったもう一つの理由。 (暗黒エネルギーを参照) 銀河内に存在する物質による今日の太陽の減速過程において、非常に短い天文学的時間内に溶解し、漂流したのは、数兆個の太陽と小さな部品の核融合プロセスからの高密度のガスでした。 さらに、引力と斥力の衝突があり、SL 質量の周りで非常に長い間突進した後、数十億年かけて主要な部分が重力によって渦巻き星雲の流れに形作られる可能性があります。 この影響は、太陽の重力と相互作用する SL 質量の磁場からのみ生じます。 もちろん、ニュートリノは常に私たちと一緒にあり、太陽の大きさに応じて、ベージュの力の間に螺旋構造が作成されます。 ここには、太陽から惑星への重力伝達との違いがあります。 この場合、ダイナモ効果が存在します。 太陽の重力に対する SL 質量の場合、ダイナモ効果は必要ありません。 これは、SL 質量からの太陽の核の重い質量と相互作用するだけです。 このため、その速度は太陽系の速度には匹敵しません。 ここには、私たちの宇宙学者に多くの考えを与えている十分な誤謬があります。
10 億℃を超える高温は、多くの太陽によって比較的急速に 100 万℃を超えるまで冷却されました。 奇妙に聞こえるかもしれませんが、その時間枠では太陽が小さな空調装置のように働いていて、太陽は数百万度前半の気温を生み出すため、数十億度後半の気温と比較すると寒いのです。 なぜなら、銀河の内部温度は、摩擦による 2 つの SL の塊の間の衝突から生じるからです。 この未知の質量を考えると、そのように考えるのも無理はありません。 論理的には、私たちが知っている太陽系はこれから導き出される可能性があります。 これは私の考えであり、エネルギー保存の法則に従って理解できます。 おそらく親愛なる読者の皆さんは、さらに良いアイデアをお持ちではないでしょうか?
20 億年目では、このプロセスはゆっくりと 100 万 ° C 以上まで下がり続けます。 この間、核種曲線からわかっている重要な重元素はすべて融合し、直径が約 8 ～ 10 光時間の原子霞の中にありました。 (ここでは中央に太陽) 重元素の生成には太陽が内部で生成する温度よりも高い温度が必要で、これは墜落後の初期温度と同様に、恒久的な高物質が太陽に衝突することによって達成されました。 この初期の混乱の中で、あらゆるものが影響を受けて、私たちが知っている太陽の太陽系が形成されました。
この物質は原子の世界を生じさせ、太陽風保護カバーの濃いガス雲を通して太陽に雨を降らせ、その後ゆっくりと速度を失いましたが、重元素を最後の程度まで融合させるためにより高い温度に達しました。 論理的には、これらの重元素は太陽の重力領域に残り、太陽系を形成しました。
水星と火星の間の領域では重い元素が存在し、小惑星帯以降のガス惑星のさらに外側では軽い元素が存在します。 私たちは原子の世界にいるので、要素のこの遊びは、物理法則の枠組みに従って集合状態や他の多くの変形とともに受け入れられなければなりません。
オールト雲の形成プロセスと現在の局所的な位置に関しては、太陽圏の膨張率に対する内部銀河の冷却プロセスが、オールト雲の塊に対する衝撃の原因となっています。 現在、これらの塊は太陽から約 1 ～ 1.5 光年の距離に位置しています。 この物質を形成するための凝縮が始まると、これらの塊は約 100 ～ 150 メートル/h の膨張衝撃を受けました。 この衝撃は、太陽原子ガス球にかかる高温の圧力が解放された瞬間に消散しました。 現在までに約 120 ～ 140 億年が経過し、その距離は約 11 ～ 13 兆 km にあり、これらの塊は現在でも太陽の速度に従っているため、かつては太陽に近かったと考えられます。 これは実際に証拠ですが、そうでない場合、どうやってそこに到達するのでしょうか? これらの量の塊だけでは、天の川銀河内を 60 周以上周回した後でも、太陽の周りを時速 80 万 km の速度に達することはできません。 これは、SL の質量から太陽の存在を論理的に証明するもう 1 つの証拠です。
おそらく30億年目に、太陽原子のガスベルの端で2回目の凝縮が起こり、それがカイパーベルトを引き起こしたのでしょう。 (カイパー ベルトは、オールトの雲とカイパー ベルトの境界地帯と見なす必要があります。ここでは、太陽の強い重力場にあったため、オールトの雲が分裂し、カイパー ベルトが残りました。)
なぜなら、対応する圧力のある温度は、ある時点でこれに最適になるからです。 外側から内側への膨張と温度の低下により、カイパーベルト内の物質はこれらの塊を形成するための成分を使用し、冥王星やエリスなどの最初の惑星もこのゾーンに出現しました。別のバージョンでは、残骸が存在するということになります。オールトの雲の運動量と太陽の重力がダイナモ効果の動きを通じてその雲を所定の位置に保持しました。
おそらくこれが太陽の重力の限界だったのだろう。 冥王星の重力により、ここカイパーベルトで重力の弱さが始まり、現在存在するオールトの雲の塊がすべて太陽の軌道に押し込まれます。 この物質は当時太陽と同じ時計回りの速度で移動していたが、脱出速度の勢いによってゆっくりとオールトの雲に別れを告げることができた。
カイパーベルトは、対応する集合状態から形成されたオールトの雲と同様の条件にさらされました。 ここで詳しく説明する必要はありません。
私たちの銀河系のスケールを 100,000 光年: 1.000 km とすると、今日の太陽系は直径 15 mm の小さなひよこ豆に相当します。 太陽系形成時には、私たちの目に見える宇宙の世界観が明らかにされました。

おそらく 12 ～ 13 mm、あるいはそれよりも小さかったでしょう。 これは、太陽圏またはオールトの雲が形成された場所が最大でもわずか 6 ～ 8 光時間の距離にあったことを意味します。 この例では、地球はひよこ豆の中心にある太陽からわずか 0.157mm 離れています。 この例では、すべての惑星と 180 を超える衛星、そしてオールトの雲に至るまでの数兆個の小惑星を含む私たちの太陽系が太陽によってのみ形成されたことが明確に理解できます。 この例は証拠を提供するのに完全に十分です。
この惑星形成のプロセスは、銀河内のすべての太陽で実質的に同じですが、それは太陽が最初の 10 億年間を損傷なく生き延びた場合に限ります。小さなこと（太陽の大きさ、他の太陽からの干渉の影響など）を除いて条件は同じであり、常に惑星の形成につながります。 太陽か物理法則以外に選択肢はありません。 これを太陽惑星定数と呼ぶことができます。
このプロセスが既存のすべての太陽によって 70 ～ 90 億年にわたって実行されると、ある時点で SL 質量の周囲の飛行経路が多くの太陽にとってほぼ自由になるでしょう。 現在、スペインの例のスケールでは、約 43 メートルの距離に次の星しかありません。 (ケンタウルス座アルファ星) この宇宙に到達しなかった太陽には、そのような主張ができる地球に似た惑星もありません。 約 60 回以上の非破壊的な軌道の期間中に、太陽はそのようなプロセスで今日の惑星の材料を作成しました。
衛星を伴う惑星の形成のための必須の枠組み条件は、重力とエネルギー分布の対称構造における物質の物理的状態です。
いわゆる重力の母（ここでは太陽）がなければ、惑星は形成できません。別の考慮事項は、太陽の重力場の外側に惑星がまだ発見されていないことを意味します。 これは私の理論をさらに確固たるものにします。そうでなければ、現在の世界観にとって少なくとも何かがポジティブに聞こえるように、実際には周囲にたくさんの惑星が存在する必要がありますが、残念ながらそうではありません。 もう一つの証拠。
当時、私たちの惑星が今日移動している内部には、熱い原子分子雲またはプラズマしか存在しておらず、熱すぎる凝集状態のためにまだ物質の結合を許可していませんでした。 なぜなら、固体鉄へのフィードバックは膨張するプラズマから気体、そして液体へと進み、現在も他の多くの元素を含む液体鋼が地球の深層に存在しているからです。
そうすれば、今日の惑星がどのような状態で構成されているかを正確に想像できるようになります。 外側の領域にはガス惑星が存在するゾーンがあり、このゾーンには重原子も含まれていますが、それに応じて中心核にはその割合が減ります。

私たちの目に見える宇宙の世界観が明らかにされました。

なぜなら、このガスには常に渦が存在するためです。あるいは、私たちの場合と同様に、たとえば天候がもたらす影響も考えられます。これらの現象を理解すること。

このプロセスは7日から8日まで行われる可能性があります。数十億年が経過しました。太陽はSL質量でできているため、原子物質の円盤状の形状は、ちょうど今日の土星の輪のように、惑星が形成されるずっと前から始まりました。これは冷却段階と並行して起こりました。太陽の高い重力が原子ガスと分子雲をレンズの正しい位置に導き、適切な温度で惑星の形成を開始します。これは常に温度と重力に基づいています。そのとき初めて、個々の元素の集合状態に応じて、惑星形成の最初の兆候が現れました。これらのプロセスには何百万年もかかり、信じられないほど時間がかかりますが、安全です。もし、今日でも考えられているように、太陽が非常に膨張性の水素から作られたとしたら、すべての重元素はエネルギー保存則に基づいてすでに凝縮しており、太陽はまだ作られていなかっただろう。したがって、基本的にはこの太陽形成理論に別れを告げる必要があります。これで理解できたと思いますが、もし理解できなかったとしても、この本はまだ終わっていません。すべての惑星と衛星の間の複雑な太陽系の速度も考慮に入れると、これ以上議論する必要はありません。

現在、50 億年目以降、銀河空間は徐々に透明になり、ガス雲の中に星が見えるようになり、太陽はこれらの雲から作られたという結論につながりますが、この知識はさらなる誤謬につながり、物理学的に考えるとあり得ないことです。法律。

惑星への極端な接近が私の理論と一致するだけでなく、コンパクトな太陽系の速度も明らかです。もちろん、非常に多くの動きがあれば、さまざまな現象の想像力につながる異常な状況が常に存在します。SLの質量からの物質もこれに寄与しており、総質量とは異なる方法で圧縮されています。これは、太陽が外殻 (平均密度 $10^{15}$Kg/cm$^{3}$) から飛び出したか、あるいは太陽からの物質片が飛び出した可能性があるためです。深部（平均密度 $10^{18}$Kg/cm$^{3}$ 以上）。

これが Q1 の状態になります。これはただ目覚めさせ、理解を満足させるためのものです。時々例について考えるために、もう少し密度が高くなる可能性を完全に排除することはできません。おそらく、これは太陽の放射強度の違いによるものであり、SL の質量が濃いほど、太陽は明るくなります。地球上の木材と同様に、光合成中に木材の種類に応じて異なる圧縮が発生します。 そのため、合成時の圧縮により木材の硬さや柔らかさが異なって成長します。 研究にはまだ克服すべきハードルがいくつかありますが、私の取り組みが変化をもたらしていると信じています。

60億年と70億年の間に、太陽は惑星の形成、自転、そしてこれらの力の角運動量のガス雲への伝達と惑星の形成によって、時速80万km以上の速度に達しました。 (惑星の回転と角運動量を参照) すべての惑星の衛星を決して忘れてはなりません;ここでは衝突はありませんでした。そして、すべては完璧、自然の青写真、または太陽系の定数に従って開発されました。 180個を超える衛星は衝突では形成できません。 それは全くのナンセンスでしょう。

衛星形成のある惑星は、確率の原理に従って同時進行します。 火星と木星の間の小惑星帯も、その形成の典型的な例であり、内惑星4つと同様に、多すぎるガスと他の重元素の間では、ガスの割合が高く、凝縮プロセスが速すぎるため、惑星は形成できませんでした。ここでは、必要な集合状態のプロセスに適した条件が満たされていません。 ここにはグレーゾーンの決定がありました。 多くのガスは結合せずに互いに反発するためです。 もしかしたら別の説があるのでしょうか？ どういう意味ですか？

そしてついに、80億年目に地球と月が液体鉄から形成されました。 それは沸騰し、スラグがゆっくりと形成され、ちょうど今日の火山が噴火したときと同じです。 月は地球と同じ物質でできており、地球と同時に形成されました。 質量が小さく、大気が保護されていないため、残念ながら今日ではすでに温度が下がっています。 現在知られている他の惑星もすべて形成され、今日に至るまでさらなる進化を始めました。 この期間のある時点で、同位体崩壊を通じて地球の年齢を決定できるようになりました。 この間、液体のマグマが固まり、明らかに地球が形成されました。 80億年以上孵化器の中にあり、その後冷却されて誕生しました。 太陽によって開発され誕生し、地球上の遺伝子構造のように生命のあらゆる領域に移植されてきました。

私が哲学的に仮定すると、クワークの家族は依然として最後の家族メンバーにアイデンティティの自由を与えているかもしれない。 他に何かがあるような気がします。 ニュートリノが私たちに地上の楽園をもたらし、将来的に気候変動に打ち勝ち、$CO_2$ レベルが徐々に低下し始めるかどうか、私たちは見守る必要があります。 私の現在の知識に基私たちの目に見える宇宙の世界観が明らかにされました。

づくと、すべての人々の一次エネルギーがすべて再生可能エネルギーに転換され、その後、私たちが大気から排出する二酸化炭素を再生可能エネルギーで高レベルで置き換えるまでには、約 180 年かそれ以上かかります。健全な大気を取り戻し、海の脱酸性化を促進するために海水から回収します。
これを行うには、永久機関もないので、数年前に放出されたよりも多くのエネルギーが必要です。 なぜなら、私たちの住む地球以外に地球は存在しないからです。
ましてや別の場所に旅行することはできません。 火星や月に飛ぶ前に、まず地球をきれいにする必要があります。 このため、私たちは地球を大切にし、不注意にならないようにしなければなりません。

**16.) 惑星の回転と角運動量。**

太陽が SL の塊から解放されたとき、つまり 2 つの SL の塊の衝突によって太陽が放出されたときから、太陽は角運動量も獲得しました。これはもちろん、無傷で飛行するまでの長い旅の途中でさまざまな次元の影響を受けました。しかし、完全に停止することはありませんでした。 なぜ? 私たちのような太陽系が発展する確率は常に 10 億分の 1 です。
太陽の核の周りには最初から何もなかったとき、太陽は過度に熱い環境に包まれ閉じ込められていましたが、その原子要素によって成長する太陽風ガス雲がゆっくりと拡大しました。 彼女はまだ服を着ておらず、したがって服を着ていないままだったとも言えます。これが、太陽の周りのさまざまな層を解釈する方法です。 より高温の環境の圧力と比較して圧力が増加したため、膨張しました。 そのため、まるで保護殻の中にあるかのように成長することができました。 これは、人間の卵細胞が胎児に成長することにたとえられます。 最初の 5 か月は最初の 50 億年であり、今日のオールトの雲の塊である熱い保護殻が子宮になります。
何十億年もかけて形成されるこのガス雲と物質の殻は、最初から同じ角運動量を持っています。 その後、基本的に時間の経過とともに成長し、太陽の自転に応じて回転します。 しかし、距離が伸びると外層の速度が低下します。これは、距離の増加により重力が減少するため、高速を維持する必要がなくなるためです。 この軌道速度の現象は、質量と質量の密度に関連して計算する必要があります。 これは、すべての惑星がこの重力の法則にどのように準拠しているかを正確に示しています。 (これは、SL の周りの太陽の公転速度についての簡単な思い出です) これは、私たちの科学がまだ解明していない、暗黒エネルギーの誤謬が埋もれている場所です。
正確な校正は、重力の原理に基づいて質量が増加するにつれて増加します。これはニュートンの法則によるものです。 惑星を形成する際には、キャリブレーションによる減速による物質の密度への影響も考慮する必要があります。 金星は反時計回りに自転しているので、自転方向は変わりません。 ここでは、形成された渦の中の太陽系の気象条件から、あらゆる可能性が生じた可能性があります。 非常に多くの複雑なプロセスが存在する可能性は、実現可能性のある計画を実現するための想像力を刺激します。たとえ何があっても、それを実行するのに十分な太陽が存在します。 このような擾乱も天王星の地軸傾きの原因である可能性があります。 この混沌と理論上の天気の巨大な組み合わせにより、ここ地球上でモロッコでのハヤブサの羽ばたきがカリブ海のハリケーンにつながるかのように見なければなりません。

**17.) 重力、あるいはむしろ電気重力磁気。**

私にとって、このような太陽系の形成において最も重要な相互作用は、太陽体に適応する速度です。 ここに重力一般の秘密があります。 太陽はその核からの電磁力線で取り巻かれており、SL の質量線と干渉しますが、同時にその電磁力線が惑星の質量体を切り裂き、磁力線が交差することで中立性が解消され、引力は地球上で重力が発生します。 ここには論理があります。質量が大きく密度が高いほど、それは力線の交差に対応し、したがって物体に引力が発生し、それがテスラで測定されます。 ここで、惑星上の電子の量は、軌道速度に応じて自動的にその惑星の重力につながります。 これは、電磁気力と重力という 2 つの基本的な力が分離できないことにも対応します。 これら 2 つの力を別々に見ることはできません。 それをオレンジのように見なければなりません。 上半分と下半分は一緒に成長しており、別々に見ることはできません。 ここには人間の解釈に誤りがあります。 もちろん、重力、重力、電磁気は日常用語で使い分けられますが、原点は電磁気学です。月での私たちの体重が地球よりもはるかに軽いのはそのためです。 ここでは、月の速度は地球と同じですが、質量が小さく、比例鋼でできている核も小さいため、重力が低くなります。 つまり、すべての惑星で同じ計算プロセスになります。 アルバート・アインシュタイン氏の時空湾曲に関する真っ白な嘘は、量子論によって完全に帳消しになった。 重力は最初は SL 質量からの暗黒物質としてしか見ることができないため、重力は電磁気を通じてのみ存在します。 重力子は存在せず、今後も存在せず、将来も発見されないため、重力の効果はこれからのみ得られます。 重力波の範囲は 100 万光年以上ですが、重力子ではどのように機能するのでしょうか? 暗黒物質が存在するこの瞬間、素粒子内に存在する他の種によるエネルギーの放出はありません。

質量のゆっくりとした増加（時空湾曲を引き起こす可能性のある惑星がまだ存在しない場合、重力はすでに存在しており、実際には存在する必要があります）、電磁気なしで他にどのように相互作用すると考えられますか？ ガス惑星の環と同じように、アインシュタイン氏の時空の湾曲をここでどうやって受け入れることができるのか、時空の湾曲について考えるのと同じくらいばかばかしいのですが、凝縮や崩壊が起こる前に、この物質はすでにガス状の状態で存在していたのです。形、そしてそれは重力によるものです。 非常に細かい鉄のやすりを見て磁石の周りに置くと、証拠が得られます。 オールト雲の形成につながった太陽風ガスの圧力による太陽の重力の外側の衝撃は非常に魅力的であり、この時点で重力と円盤形成の間の境界線がわかるでしょう。太陽系が他の方法で形成されるとは想像できません。 現在広まっている太陽と惑星の形成に関する理論はすべて理解できておらず、根拠も根拠もありません。 それは SF の部屋にある幻想の箱に属します。

最近、ドキュメンタリーで聞いたのですが、木星が内側の軌道から現在いる外側の軌道に移動した、というようなことは犯罪に近いと言っています。 そのような実装にはどのようなエネルギーが必要か知っていますか? それは、地球が時速 10 万 km から時速 5 万 km に速度を落とし、同時に地球に向かってさらに外側に移動したと言っても同じでしょう。

私たちの目に見える宇宙の世界観が明らかにされました。

スケッチ: 6 空間拡張。

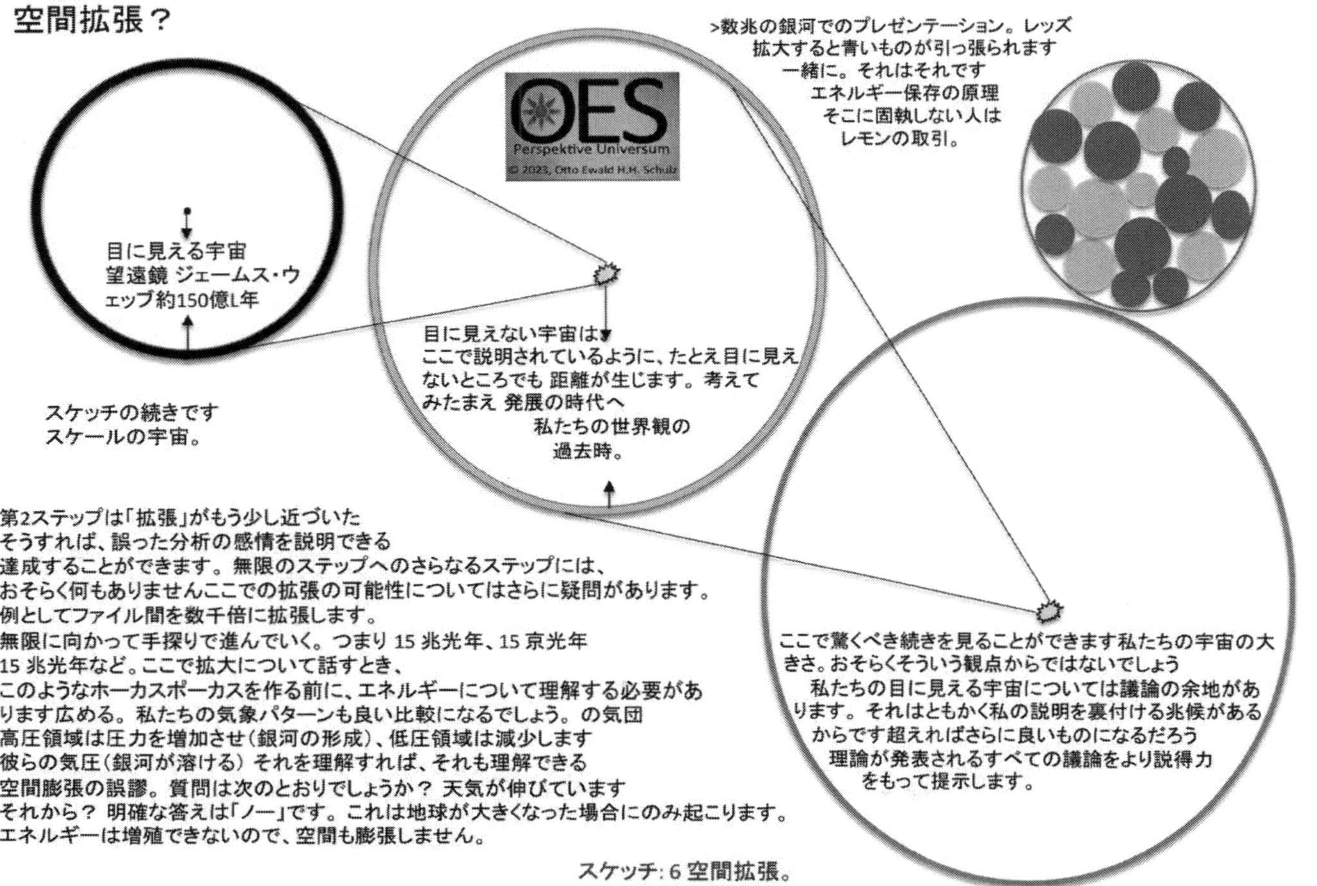


スケッチ: 6 空間拡張。

私たちの目に見える宇宙の世界観が明らかにされました。

**18.) 太陽の一次エネルギー開発。**

私たちには知られていない太陽の核の物質は圧縮されています。 これはSL の群衆の中で起こった。 これについては他に考えられる説明はありません。 何十億年にもわたって太陽から放出されるエネルギーは、他にどこから来るのでしょうか? 地球上でさまざまな方法で起こるのと同じように、重力の結合エネルギーからのみ、1 兆倍の高濃度でのみ発生します。原子殻はもはや、私たちが知っているようなものではありません。 圧縮の結果、すべての電子が陽子および中性子から分離され、すべての電子が放出されて、膨大な割合の電磁気力が発生します。 現時点では、4 つの基本的な力が未知の物質で結合されています。 2 つの SL 質量の衝突後、SL 質量の小さな銀河ビッグバンから太陽が投げ出され、SL 質量の高重力の溶解によってのみ、圧縮された物質の核融合プロセスが直ちに始まります。 (結合エネルギー溶液を伴う惑星形成または太陽コロナは、塊が分離するとすぐにここで始まります)(衝突により、最初の 10 億年で 10 億度を超える温度が発生します)。 それは本質的にクォーク族のみから得られる未知の物質から放出されます。 陽子と中性子は電子と結合して、さまざまな元素の構造を持つ原子殻を形成します。 この相互作用は、その後に起こるどの融合よりも強力です。 これが太陽の一次エネルギーのポイントです。 ここで放出されるこのエネルギーは、周期表の次世代に関与し、核融合によって太陽系を形成します。 このエネルギーがなければ、さらなる核融合は起こりません。 高い圧縮により、太陽は 200 億年以上かけて融合するエネルギーを蓄えます。 サイズによってはさらに多くなります。

ここから、私たちのような原子の世界が、4 つの基本的な力を組み合わせた圧縮されたクォーク族から発展するプロセスが始まります。

地球上の核融合炉での実験では、これらのエネルギーがプラズマの加熱につながり、水素からヘリウムへの核融合が強制されます。 これは、人工核融合エンジンは常に1つだけ存在しますが、エネルギーを生成できる核融合炉は存在しないことを意味します。 最後に外した場合は Q10 以上になるはずです。 これらはまだ幻想であり、残念ながら機能せず、いつか理解されるでしょう。 数年前までは、特許庁でも永久機関のプロジェクトはまだ受け入れられていました。 すでに解決されていることに感謝します。 今、欠けているのは核融合炉だけだ。 ダ・ヴィンチもそれを試みましたが、その超知性のせいで惨めに失敗しました。

私たちの目に見える宇宙の世界観が明らかにされました。

## 19.) 暗黒物質。

太陽エネルギーの起源は、後方または前方に追跡または追跡されますが、どちらの場合も「エネルギー生産」という同じ点に到達する必要があります。 そうでなかったら、宇宙はある時点で暗く冷たいものになっていただろうし、あるいはそれはずっと前に起こっていて、ずっと前に滅んでいただろう。 そんなことはありません！
私たちの宇宙望遠鏡は、すべての銀河のさまざまなライフサイクルを示します。 クエーサー、ブレーザー、電波銀河、楕円銀河のいずれであっても、これらは後に渦巻腕銀河になりますが、それらは初期段階にあるだけか、他の多くの銀河と同様に最終段階にあります。 私たちは何百万年も生きていないので、それを観察することはできません。 ビッグバン理論を含め、星形成の現在のバージョンは純粋な空想であることがすぐに明らかになります。なぜなら、すべてが同時に始まったとしたら、異なる銀河は存在せず、太陽が形成されたとき、すべての太陽はそれよりも大きくないからです。しかし、反対の証拠として、私たちよりも大きい太陽が何百万もあり、すべてを合計するとは限りません。 矛盾は山積しており、あまりにも多くの疑問が未解決のまま残されています。 ここに何か問題があるはずです。
ダークマターは、さまざまな起源の可能性についてのこのさまざまな議論をさらに進めるのに役立ちます。これについては本書の他のセクションでも説明されていますが、暗黒物質については直接説明されていません。 ダークマターは非常に分かりやすく、ほぼ完全に認定されている SL の塊なのでシンプルです。 最後の瞬間（何百万年も続く可能性があります）にのみ、いくつかの太陽が、SL の塊であるために見ることができないものの周りを周回しているのが観察されます。 (おそらく直径 1 光日から 1/2 光年、あるいはそれ以上の大きさ) かつての銀河の多くが別れを告げているのと同じように、宇宙には SL 質量 (暗黒物質) だけが存在します。それは目には見えませんが、彼らはただお互いを同一視し、そして互いに出会う重力を持っています。 これが観察例から得られる唯一の論理的な結論です。 暗黒物質についてはこれ以上言うことはありません。非常にシンプルで簡単です。 しかし、宇宙全体のビッグバンやビッグバンを主張し、すべての銀河が熱い原始の雲から発達したと考えるのであれば、人々にそれを信じさせなければなりません。 銀河の構造も発達していますが、それはすべて一瞬でできたのでしょうか? これらは、1 兆以上の時間窓における最近の痕跡です。 私たちの現在の世界観を正式に修正する必要があることに誰もが気づくのは、常に時間の問題です。 私のバージ私たちの目に見える宇宙の世界観が明らかにされました。

ョンでは、少なくとも宇宙で目に見えるものについては、未解決の質問は未解決のままです。

**20.)** ダークエネルギー。

ダークエネルギーという用語も、ニュートンの法則が決定的な原子の世界において、太陽系から銀河系へコピーが作成されたのと同様に、銀河の回転速度の関数原理の誤差計算に基づいています。 。 太陽系にはニュートンの法則が適用され、太陽以外の ART も適用され、小さな原子の世界がここに創造されたからです。 銀河は、移動するか消滅するように事前にプログラムされています (認定)。 これはニュートンの法則に従って機能しません。 誤差計算の固定化はビッグバン理論から始まりますが、これは太陽の形成も星屑やガス雲による科学的誤差分析の対象となることを意味します。ここでは天文学から十分に根拠のあることが期待できるはずです。そのような基本原則が間違って教えられると、脳はある時点で完全にブロックされてしまいます。 宇宙論が矛盾だけで終わってしまったことがわかります。 60 ～ 70% の暗黒エネルギー、まったくばかげています! それは「見える」ものです。 私たちは皆、銀河を見ます。

太陽系の動きと、それに関連する惑星や太陽 (小さな SL 質量も) を含む銀河の動きとの間には、材料の違いにより 2 つの異なる展開があります。両方のシステムは根本的に異なって開発されました。 まず第一に、私たちが知っている原子の世界が重要です。そうでなければ、私たちはまったく生きることができません。 （太陽系の惑星）、そして一方で、太陽核や SL 質量に位置する核子またはクォーク族の世界（これは対称エネルギーとして 4 つの基本的な力を持つ量子重力の世界です）。原子殻の結合エネルギーが圧縮され、それがどのようにして結合エネルギーとして電池に蓄えられ、そこからすべての電子が放出され、重力の基礎となる信じられないほど強い磁場が生じるのかについて説明します。

大まかに言えば、太陽系では太陽の圧縮質量が減少し、惑星の質量は増加しているものの、主に減少していると言えます。 惑星は毎年数センチメートルずつ太陽から遠ざかり、月だけでも年間約 4 センチメートル地球から遠ざかります。 これは主に、太陽が核から信じられないほどの量の質量を失い、その結果重力が減少するためです。 軌道速度は同期調整の対象ではないため。 誰が惑星の速度も低下させるべきでしょうか?

ただし、Galaxy CV ではまったく逆の動作になります。 ここでは、SL の質量が認定されているため、重力はますます強くなり、太陽とそれに付随するすべての質量 (銀河の軌道上の SL 質量を除く) は質量を失い、ますます弱くなっています (質量がなくなっています)。重力の観点から言えば。したがって、銀河内のすべての物質はゆっくりと SL 質量の中に引き戻されます。 太陽核融合からのすべての原子は、惑星の中間ステーションを経由して SL に戻ります。 私たちはこれらの時間系列のいずれかに存在します。 太陽系形成のセクションですでに述べたように、太陽には銀河とは反対の死があり、まったく死なず、銀河のプロセスが最初から何度も開始されるだけであるため、太陽全体がインパルスを受けました。初めは、これらは高い軌道速度を適用しますが、まだ比較的遅いです。 太陽の内部軌道速度が速いだけでは、ここで認定されないわけではありません。 ニュートリノを通して、外側の太陽は渦巻きのように内側の太陽を SL 質量に向かって押します。

これにより、SL 質量の重力と太陽からのニュートリノによる反発効果により、銀河が美しく渦巻き腕を形成することができます。 これは銀河のライフサイクルであり、磁力によって支配されます。 これが当てはまらない場合、ある一定の時間が経過すると、すべての太陽は核燃料を使い果たし、宇宙は SL 質量のみで構成され、空っぽになり、死滅し、太陽はもう存在しないことになります。 この質問を自問すると、各銀河が太陽系内で独自の独立した生命のリズムを作り出していることがわかります。

ダークエネルギーの解釈を変更。

太陽は、約 40～50 億年前まで天の川銀河に統合することができませんでしたが、ずっと前に消滅しました。 それは太陽の塊の最大の割合でした。しかし、あらゆる方向に移動する太陽は常に存在しており、それらは他の銀河から来た可能性が高く、これについては他に説明がありません。何十億もの太陽も私たちの銀河系から周囲の銀河に送られました。 速すぎた太陽は追い出されて、天の川銀河の外側の他の矮小銀河とともに位置しており、遅すぎた太陽は法則を守らなかったため、比較的早く吸収されるようずっと前に SL 質量の内部に引き込まれてしまった。銀河の定数と他の太陽は致命的ではないはずです。 比較的太陽に似ており、オーロラを介して地球に引き寄せられる、太陽からの風によるもやです。 渦巻腕の形成は、SL の質量からの重力が太陽の周回質量にいかに強いかを示しています。なぜなら、レンズ円盤のような形をした渦巻き腕のはるか上とはるか下では、数十億年間太陽が形成されないからです。軌道上で。 (オーロラの例がここに当てはまります) このような衝突の確率では、太陽同士の衝突を常に避けることができません。 これにより、銀河の中で最も多様な星雲が誕生します。 なぜなら、この SL 質量の圧縮された物質は、私たちに知られている原子質量の物質とは異なるサイズで異なる凝集状態を確かに持っているからです。
太陽と SL 質量は同じ圧縮物質で構成されているため、それに応じて SL 質量には太陽系よりも強い引力が存在します。 より遠くにある太陽の自転速度が低下しないのはこのためです。太陽系のように原子分子や重力によってではなく、衝突によって生じたものだからです。 しかし、これは銀河の外側の太陽の予想される速度の減少の主な理由ではなく、科学者たちは銀河が膨張しないという問題を解決するために予想されるダークエネルギーを発明することを考案した。 銀河の外側領域での連続速度は、銀河ビッグバン衝突の初期運動量による可能性が高くなります。
(銀河の形成を参照)。
太陽系が形成されるとき、惑星にはこの意味での推進力はありません。むしろ、ガス混合雲が数十億年かけて太陽によって徐々に形成され、その後、対応するさまざまな物理的状態で外側から内側に冷却されます。惑星とその衛星を遠ざけます。 ここには質量に応じた距離に対する速度が存在します。 小惑星帯とカイパーベルトも、冷却または凝縮の臨界段階の瞬間にガスが存在する（主にガス惑星が形成された）ため、典型的なものです。
ガス惑星の環 (土星では非常に美しい) と同じように、ある時期には、それは私たちの惑星が形成された太陽のさまざまなガスと物質の環でもありました。 同じく太陽系の一部であるオールト雲の発達は、太陽系の端（太陽圏）で最初の凝縮によって形成されたスラグガス岩石から形成されましたが、元々は太陽系のよりずっと近くで出現しました。今日オールトの雲が見られる場所よりも。 これは太陽系の保護カバーとしても識別でき、独立した保護として太陽系定数に属します。 大袈裟に言えば、この瞬間のオールト雲は、丸い卵の殻が、太陽風圧とゆっくりと冷えていく宇宙の周囲温度によって、1〜1.5LJ 強くらいまで膨張したものだと表現したいと思います。 (太陽圧力の力積、オールトの雲を参照)
したがって、暗黒エネルギーは純粋なフィクションであり、存在しないと明確な良心をもって言えます。 何のために？ 彼らは、いくつかの誤診のために存在するはずのものを探しているのでしょうか？ それには何の論理もありません。そこには天体も銀河への目に見えない影響も想像できません。 私の理論では意味がありませんが、誤りに満ちた私たちの目に見える宇宙の世界観が明らかにされました。

受け入れられている科学的空間形成においてのみ意味がありません。その中からいくつか挙げて解説していきたいと思います。
ビッグバン理論によれば、99% が水素であるのは非常に高温のガスだけです。 最も膨張性のガスであり、そのような高温では、ここで何かが崩壊するには数兆バールの圧力が必要です。 崩壊したと考えられますが、その可能性はまったくありません。 同時に、この最初の太陽は、まだとても小さく、どんどん大きくなり、現在でも時速 80 万キロの速度に達したに違いありません。 このエネルギーはどこから来るべきなのでしょうか？ ガス雲から自らを推進することはできません。 誰がこの衝撃を初期太陽体に及ぼすべきでしょうか? 崩壊につながるエネルギーはどこから来るのでしょうか？ この創造物にとって、宇宙には熱いガスがあるだけで、重力はまだ存在しません、それとも、存在するのでしょうか？ 彼女はどこから来るべきでしょうか？ 時空の曲がりから、まだ惑星が存在しない場所でしょうか？ 太陽は形成されたばかりで（厚さは 10 メートル以下だとしましょう）、これはほぼ同時にどこでも起こっているので、核融合でもありませんか？ それともすでに SL マスが存在するのでしょうか？ これらはどのようにして生じるべきでしょうか? 太陽が大きくなればなるほど、銀河の公転速度に達するためにより多くのエネルギーが必要になります。ああ、忘れていました、この太陽は後から発達したもので、SL の質量は以前からすでに存在していましたが、速度については同じ問題があります。SL の質量には時速 100 万 km 以上のスピード。 これはどのように組み合わされるのでしょうか? または、モットーに従って、それはどういうわけかそのようにうまくいきました。 目を閉じて一般的な状況について考えてみましょう。当時、地球上にはエネルギー保存の法則はまだ存在していませんでした。 しかし、ある時点で、私たちの太陽はどういうわけか直径約 110 万 km に達しました。残念ながら、太陽がどこからその速度を得たのかはわかりません。それについて何か考えなければならないとしたら、頭が痛くなります。 非常に複雑な太陽系がこの現在の速度で太陽とともに移動しているという事実を考えると、さらに状況は悪化します。しかし、待ってください、太陽はまだ完成しておらず、今、核融合のために点火しようとしています。 簡単に言えば、太陽がすべての物質を確実に吸収したため (水素しかなかった?)、これは惑星が形成され得ないことを意味します。 さて、ついに、直径約 120 万 km に成長する直前に、核融合が点火するのでしょうか? それとも後で？ しかし、論私たちの目に見える宇宙の世界観が明らかにされました。

理的には、すべての惑星や衛星、小惑星帯、カイパーベルト、オールトの雲を含む太陽系はまだありません。 これらのさまざまな数兆個の部品はどこから来て、時速 80 万 km で太陽の周りに定着するのでしょうか? コメントはありません。太陽の大きさについて続けます。太陽が直径 120 万 km で点火するのであれば、なぜ何百万個ものはるかに大きな太陽が 4 番目の 10 番目または 100 番目の太陽質量でのみ点火するのでしょうか? なぜなら、核融合が始まると、すべての太陽は毎秒数百万トンの質量を失うからです。 これについて私が言えることはただ一つ。賢すぎるのもバカだ。それとも、親愛なる読者の皆さん、ここを理解していますか? エネルギー保存の法則について聞いたこともない人には、非論理的な矛盾が多すぎます。 それは天体物理学と呼ばれるものですか? そんなことを言ってしまった自分が情けないです。 現実は非情で、いつも苦しい。
したがって、そのようなことを思いついた人は、信じられないほどの想像力を持っていたに違いありません。 これを根拠に、暗黒エネルギー、暗黒物質、星屑からの太陽系形成、光の出せないブラックホールなど、あらゆる解明不可能な疑問が忍び寄る。 他のすべての解決できない問題は行き止まりに投げ込まれます。

ここでは、ダーク エネルギーをよく理解するために、同様の構造を備えた別のバージョンを示します。
ダークエネルギーは存在しますが、それをそう呼ぶべきではありません。 それは太陽のベータ崩壊からのニュートリノ放出にほかなりません。 この現象が存在しなければ、宇宙の何十億にもわたって私たちが観察できるような銀河は形成できなかったでしょう。 同様に、このニュートリノの放出も反対極であるため、反重力として見ることができます。 しかし、知的には、宇宙の自然は機能している銀河の場合にのみ存在します。 したがって、ここで説明しているように、論理的に考える必要がある理由があります。 その背後には一体何があるのでしょうか?この暗黒エネルギーの秘密はどのように解明できるのでしょうか? 私たちは、重力が物質 (太陽、惑星、暗黒物質) を引き寄せ、それを通して重力が相互作用することを知っています。 しかし、この暗黒エネルギー現象は主に太陽に関係しており、そのため太陽は非常に長い間(銀河系で何度も回転する)損傷を受けずに存在の生涯を続けることができます。 ニュートリノによるこの反重力が存在しなければ、太陽は互いに引きつけ合い、太陽系に生命は決して誕生しないでしょう。このプロセスは自動的に自己破壊につながります。 例でこれをさらに明確にします。私たちは、銀河の中心の周りを並んで周回するいくつかの太陽を想像します。 すべての速度はわずかに異なり、互いの距離にほとんど差がありません。 遅くとも 2 ～ 4 周回（5 億年から 10 億年) 後には、これらの太陽は互いにつながっていたでしょう。 しかし、ニュートリノの存在により、それらは互いに反発し合い、距離を保ち、重力やニュートリノの反力から適切な距離に調整します。 これは、星 1 が星 2 から 4 光年離れており、星 3 が星 2 から 6 光年離れている場合 (3 つすべてが連続して隣り合っている)、星 2 はそれぞれ 5 光年の距離にあります。 1 に星があり、星 2 から 3 も 5 LY の距離にあります。 これにより、Star 2 は理想的な距離に到達します。 これは、私たちの科学を困惑させる制御システムが形成されていることを示しています。これらの測定結果は、宇宙が膨張しているという計算をもたらし、再び科学を欺きます。 この理論は、太陽が古典物質 (つまり原子物質) で構成され得ないことも示しています。 太陽の核が水素とヘリウムで構成されている場合、ニュートリノはこの効果をまったく達成できず、地球上で行うのと同じように通過するだけであり、したがってニュートリノを生成することはできません。太陽に対するエネルギーの衝撃。これは、すべての太陽が圧縮された量子物質でできており、元々は 2 つのダークマター モンスター ボールの衝突によって数兆個の小さな太陽に爆発し、その後数十億年かけて新しい銀河を形成したというさらなる証拠です。 この形成も、技術的なカオス確率を通じて暗黒エネルギー (ニュートリノ) から出現しましたが、宇宙の自然という計画された概念を伴っていました。 目的地で地上と同じような生活を保証するためには、いくつかの要件があります。 (これは他の章で説明します)
暗黒エネルギーは、数学的計算によれば宇宙が膨張しているという悲劇的な誤謬でもありますが、神に感謝するのは真実ではありません。
いくつかの計算によると、ここではノーベル賞も授与されました。 私が今言っているのは、なんと惨事だろう。
さらに、次のことも考慮する必要があります。宇宙で私たちが観察できる物質（つまり、太陽系の惑星ではありません）は、太陽系とはまったく異なる階層に従うため、（これにより、いくつかの誤解に基づく) だからこそ、私たちはそれに応じて考慮事項を調整する必要があります。 しかし、これは私たち人間（または科学）が太陽が水素やヘリウムなどでできていないことを受け入れた場合にのみ可能であり、そうでなければ再び行き止まりです。
したがって、物質の原子番号を並べ替える必要があります。 現在主張されているのは、約68% が暗黒エネルギー、27% が暗黒物質、そして5% が可視物質であるということです。 これは実際には決して存在しません。
再配置する必要があるこの物質の分布には、まったく異なる構成があり、それは同時に、このでっち上げられたホーカス ポーカス全体を窓の外に放り出します。 私の推定では、可視物質（暗黒エネルギーを含む）が 60～70%、暗黒物質が 30～40%を占めると考えられます。 ここでは50 対 50% とも言えますが、これも十分に可能です。 目に見える物質に関して言えば、すべての太陽系と、どこかで動き回っているすべての分子も考慮に入れる必要があります。
私の観点からすると、このまだ正体不明の暗黒エネルギーは目に見える太陽エネルギーから来ているため、暗黒エネルギーは目に見えるものに変換されます。 暗黒物質はこの暗黒エネルギーとは何の関係もありません。暗黒物質にはニュートリノ放射につながるベータ崩壊がないため、暗黒物質から発生したり発生したりすることはありません。
ところで、それは驚くべきトリックです。 それは、暗黒物質の仕組みにとっても逆説的だろう。なぜなら、暗黒物質が素晴らしく機能するのは、反重力がない場合に限られ、暗黒物質が衝突を通じて再び自分自身を見つけ、すべてが再びスタートできるからである。 さらなる証拠は、10 億を超える銀河が合体を強いられることはめったにないことです。 ニュートリノのこの反重力が存在しなければ、銀河の継続的な統合において存在するのは重力だけとなるでしょう。 それは暗黒エネルギーを説明します。 したがって、天文学的な時間の経過とともに、ますます分厚い塊の球が形成され、ある時点で厚い SL 塊が 1 つだけになり、その後、それが単独で存在するため、他の塊を見つけることができなくなります。 結論: このように機能する必要があります。そうでないと、ニュートリノは本当にゴーストと呼ばれる可能性があります。 繰り返しになりますが、実際にはそうではありません。

私たちの目に見える宇宙の世界観が明らかにされました。

スケッチ: 7 つの暗黒エネルギー ニュートリノ。

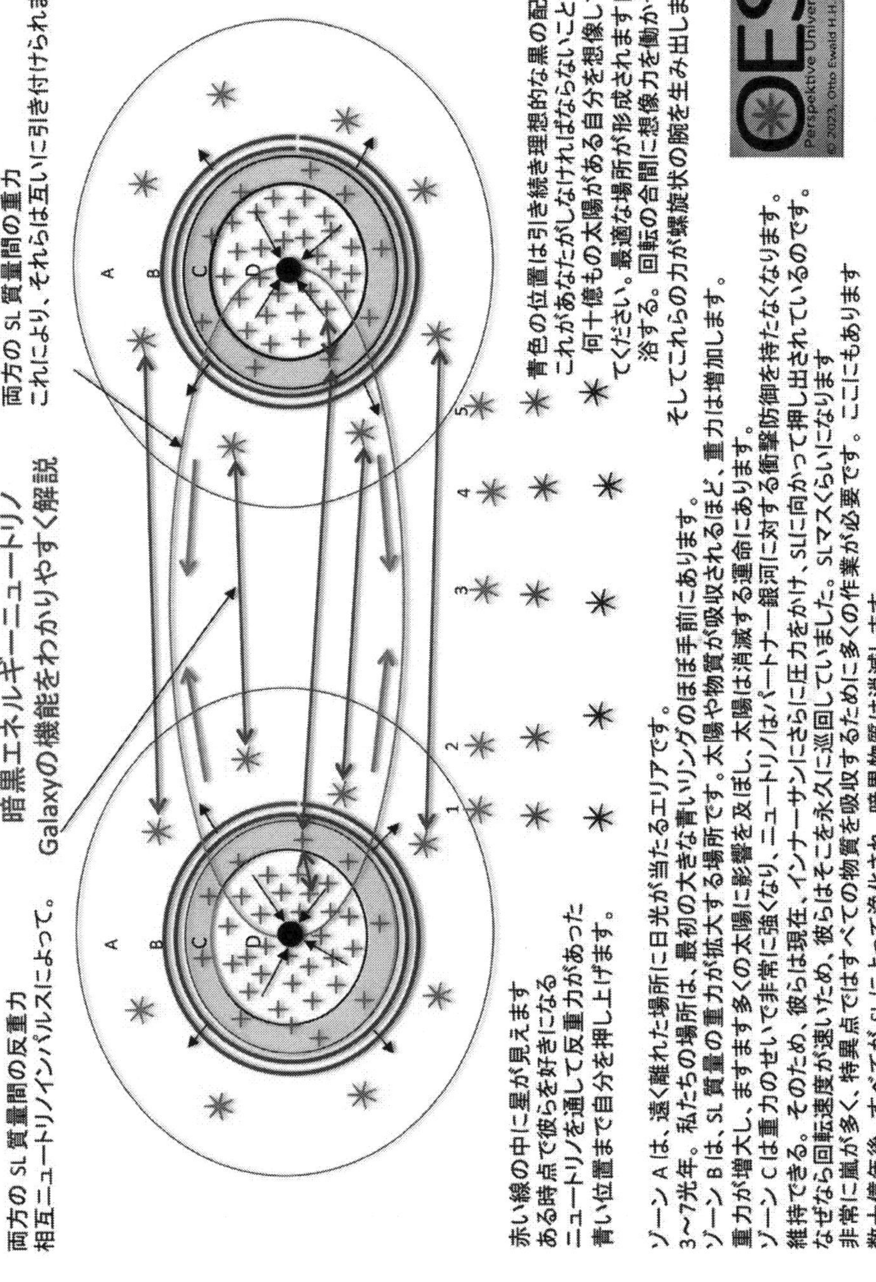

私たちの目に見える宇宙の世界観が明らかにされました。

## 21.) 重力、あるいはむしろ電気重力磁気?

4 つの基本的な力の対称性では、それらがすべて結合して SL 質量内に力を形成する場合、重力は常に発生し、基本的な電磁力の起源から質量に比例して存在し、高い自由電子によって生成されます。 SL 質量の超電導材料内では電流が流れます。 重力には限界がないため、磁力線は何によっても遮ることができません。だからこそ、銀河の新たな始まりを暗黒物質（目に見えないブラックホール）から別の暗黒物質（同じように機能します）で始めることが非常に必要なのです。 、だからそれは銀河のままです 生命は決して止まらない。 あらゆる SL の質量 (太陽の有無にかかわらず) には、さらなる開発過程での唯一のエネルギー消費として重力があり、当然のことながら、SL で解決される 2 つの基本的な力は意味を持ちません。 場の量子論と一般相対性理論の互換性は、SL 質量で達成されます。 原子世界の両方の基本的な力は稲妻のように引き伸ばされ、SL 質量を持つ太陽が核融合のために Q2、N2、A2 の段階を経てそれらを再び解放する瞬間を待っているだけです。 SL の質量で一般相対性理論を探しても、それは見つかりません。そこには存在しませんが、量子力学または場の量子理論には存在します。 したがって、重力は次のように定義できます。質量を持ち、宇宙（他に場所はありません）に存在するすべての物体は、銀河の磁場、暗黒物質、または銀河の外を自由に飛んでいる太陽からの重力への電磁力によって、何らかの形で駆動されます。 電磁的な影響を与えるのは常に電子です。 原子の世界には物質の自由電子のみが存在しますが、量子の世界ではすべての電子が自由であり、何兆回も集中しています。 この重力駆動は、SL 質量による磁場によって駆動されます。 重力は質量に比例して増加します。 SL の質量または暗黒物質 (これは同じものと同等と考えられます) は、その質量に応じた最大重力に達しています。ここでは、さらに強力な磁場は、より多くの質量によってのみ増加できますが、磁力線の強度は、質量としては増加しません。結果。 私たちの太陽の磁場はほぼオールトの雲まで広がっており、これは約 1 ～ 1.5 暦年に相当します。 SL の質量と太陽からの力線の干渉波は、この距離でそこで交わります。 つまり、ある重力から別の重力への移行がそこで起こります。 ここから、太陽の物質粒子はすべて最終的に SL 質量に戻ります。 太陽の重力がそこに到達しなければ、この距離にオールトの雲は存在しないでしょう。なぜなら、オールトの雲は太陽系と同じように太陽とともに移動するからです。 太陽の重力の影響を受けるだけでなく、その本来の起源も明らかになります。 この太陽系全体の速度は時速 80 万 km 強です。 太陽の非常に強い磁場は、想定されていたように私たちの目に見える宇宙の世界観が明らかにされました。

水素とヘリウムの元素から作られたものではなく、水素とヘリウムの混合物からは最大約 $10^{18}$km 以上の広がりを持つ磁場を生成することはできません。 銀河の SL 質量と太陽の間の磁場の構造にも類似点があります。どちらの構造も磁場により一種のレンズディスクを形成します。 水星、金星、地球は同じ材質でできており、火星も同じに分類され、重力も大きさに応じて変化します。 これらの惑星は太陽に比較的近く、すべて鉄の中心を持っており、太陽の周りの回転速度によって磁場を貫通するため、惑星の中心に大電流が発生し、磁場が発生します。同じ。 月は地球の重力場よりも劣っているため、地球の内部からのこれらの渦流は、月に至るまでの地球の表面に引力を生み出します。 太陽の自転には約 28 日かかり、どの惑星も同期して回転しません。そのため、力線が惑星内で交差し、惑星の速度と質量に応じて流れによって重力が発生します。これがよく知られたダイナモです。効果。 高温および液体の原子核では、質量の運動も発生し、その磁力がさらに増大します。 (中性子星) このようにして、あらゆる惑星の内部から重力が発生し、いかなる方法でも遮蔽することができません。 鉄の中心がない惑星や、鉄などの別の物質の場合、物質に応じて重力が均等になります。重力は、すべての太陽が構成されている SL 質量の電磁気から生じる現象であり、すべての電子が放出された結果、非常に高い電流が生成されます。 私たちには理解できない太陽の核内のこれらの大電流は、太陽の表面で簡単に観察できる磁場を形成します。 力線は、太陽または SL 質量からの距離が増すにつれて減少します。 ここ地球上で強い雷雨が発生すると、雷による静電気が発生し、コンパスの針が激しく振れます。

重力は質量内の電子の構成要素であり、原子殻の溶解によって生成されます。これにより、濃度が絶対的になるためです。 SL の質量または太陽は、重力の重力イニシエーターです。 したがって、力線はあらゆる質量に作用し、重力が生じます。 したがって、それは私たちの既存の原子世界の公式には含まれていません E=mc2 というのは、太陽の下で変換されて「分からない塊」になっているからです。 これが、アルバート・アインシュタインが重力を定義するために時空の曲率というクレイジーなアイデアを発明した理由です。 何かの曲率には、どんな形であっても物質が必要である、とも言えますが、私たちの地球や太陽の周り、それらが飛んでいる場所には何もなく、太陽圏の平方メートル当たりの個々の原子があるだけです。 布の上にボールを置き、重りで押し込むというグラフィック表現は象徴的に理にかなっていますが、そのような比較を何十億もの太陽の軌道とどのように同一視できるのでしょうか? この例はここで失敗しており、他の原因があることがわかります。 アインシュタインはこのことをまったく考えていませんでした。 重力は、ボールを実演用の布に置く前から存在します。 まったくナンセンスです。
おそらく、SL 質量では $10^{20}$ から $10^{25}$ テスラ以上の強度を持つ磁力線が得られます。 直径が最大 100 万 LJ の銀河もあるため、そのような銀河がレンズ円盤を形成するには重力が必要です。 さらに、銀河 (または暗黒物質) は、より遠く離れた SL の塊によって何度も生き返らせることができるように、その直径の 10 ～ 20 倍の識別重力を持っています。 したがって、ビッグバン理論を信じる理由は見当たりません。 それは多くの意味で完全に不合理です。 銀河の世界公式に限定しましょう。世界観公式は 1 つしかないため、それは理解でき、信頼できるように聞こえます。また、批判からのいかなる攻撃にも耐性があります。 これより優れた人だけがそれを傾けることができます。 それはただの SF でしょう。理解を深めるために別の説明をします。4 つの基本的な力について説明する前に、もう 1 つ、重力について触れておく必要があります。 私たちの研究では、ニュートリノや他のすべてのクォークメンバーのように、重力子の素部分を示すものはクォーク族の中に見つからないため、その起源は確かに SL 質量と太陽にあると推測できます。 残っているのは電気重力磁気だけで、発電機のように地球上に力場を作り出します。 それでは、説明をさせていただきます。 ここでは電子が構成要素です。私たちは、強い核力、弱い核力、電磁気、重力という 4 つの基本的な力を知っています。 私が説明したように、SL 質量内の結合エネルギーに溶解しているため、またはむしろ帯電しているため、弱い核力も強い核力も存在しない場合、重力に近づくものは何でしょうか。 その通り！ 電磁気だけが残る。 しかし、ここでは大きな区別をしなければなりません。 地球や太陽系のような重力と、SL の質量から発生する重力を比較することはできません。 その理由は次のとおりです。直接近く (0 ～ 500LJ) では、引力はニュートリノが打ち消すことができるものよりも強く、その向こうには中性ゾーンがあり、より多くの物質を吸収することで強化され、より多くの太陽を捕らえます。これは、周囲を捉えて中心にもたらす砂時計、または渦巻きのように機能します。 さらに広い範囲には、私たちのような、居住可能な地球に似た太陽系構造を持つ太陽が存在します。 ここが、太陽系の重力場との違いです。 ブラック ホールやすべての太陽では、原子世界の溶解 (弱い核力も強い核力もない) により、すべての自由電子による非常に高い磁力線が生成され、過度に強い磁場が生じます。 SL 質量はそれ自体を養うためにそれを必要とします。 太陽は惑星に重力を生み出すためにそれ私たちの目に見える宇宙の世界観が明らかにされました。

を必要とします。 太陽は自分自身に栄養を与えるのではなく、むしろ惑星に供給し、それによってそもそも惑星が誕生できるようにするために必要です。 つまり、空間の曲率が存在する前、または存在できるようになる前に、創造のこの瞬間には、太陽の周りで渦巻く熱い分子ガスとプラズマだけが存在するからです。 したがって、高温ガスは原子物質であるため、太陽の軸の回転により、太陽の磁場を介した伝達が高温ガスと相互作用することになると言えます。 冷却時間とともに、惑星のプラズマとガスの質量に応じて循環速度も調整されます。 ここで、太陽が固定子で惑星が回転子を形成していると想像すると、太陽の力線は公転速度によって惑星の内部を切り裂かれます。
これは、各惑星の内部に大電流が存在し、それが惑星の重力につながることを意味します。 すべての物質は原子でできているため、この重力に引き寄せられます。 説明されているこのシステムは、熱いプラズマが重力にさらされることで、惑星形成の初期から徐々に構築されていきます。 ここでは、プラズマ雲がまず太陽の回転と同期して整列します。
プラズマが重力によって一体化すると、太陽の周りの公転により重力が生じ、徐々に太陽から遠ざかります。 このようにして、太陽からの対応する距離に惑星が形成されるのです。 この距離の形成に伴い、物質から構築されている惑星の塊の中に非同期発電機も形成されます。 このようにして私たちの地球は重力9.81m/$s^2$で誕生しました。 これは、時空の湾曲に対する基本的なさらなる証拠です。 水素やヘリウムは電子も核子もほとんど持たないため、脱出して SL 質量に戻ったり、ガス惑星上で固化したりする可能性があります。 木星では、重力が地球のほぼ 3 倍強いため、重力によって水素とヘリウムが表面に留まります。 したがって、重力の本質は電磁気による力です。 これは物理学における新しい発見です。 多くの誤差分析が宇宙論を行き詰まりに導いたため、私たちは今、ゆっくりと宇宙論を再考する必要があります。

**22.) 銀河の空間と時間。**

宇宙の空間は説明できず、その大きさを認識することもできません。 もしいかなる形の物質も存在しなければ、空間は完全な真空のままであり、たとえ空間が何かであっても、この空間には何も存在しないでしょう。 したがって、それは想像力についての私たちの考え方における人間としての間違いでしかあり得ません。 逆に解釈すると、銀河は存在せず、人も存在せず、宇宙はまだ存在するでしょうが、誰もそれについて尋ねません。 すべての銀河が占める空間は知覚可能であり、答えのない疑問だ私たちの目に見える宇宙の世界観が明らかにされました。

けが残されています。 その部屋はどのようにして誕生しましたか？ 終わりはあるのでしょうか？ このスペースが作られたとき、前に何が起こったのでしょうか? ここでは、私たち人間にとっては、何も生み出さない愚かな空想だけがあります。 私たち人間は、今日も遠い将来もこれらの質問に対する答えを得ることができる立場にありません。 私の意見では、これはこれにつながる想像を超えています。 技術的要件により、科学はいつか、光のように遠くから情報を受信できない状況に達するでしょう。光の振幅はかすかな赤色光から無光になり、私たちにはもはや存在しませんが、数千光年の彼方にはまだ銀河が存在します。 したがって、宇宙がどれほどの大きさで、質量がどこから来るのかは誰も知りません。 カードの中には宇宙は見えません。 空間は私たち人間によって制限付きで定義され、宇宙には床も天井も壁もありません。 したがって、すべての銀河が存在する場所は宇宙とは言えません。

時間も人類の発明であり、質量と速度の間をより正確に定義するためにのみ使用されます。 時間は質量と速度で構成され、それがエネルギーとなり重力によって維持されます。 質量（宇宙の内容）がなければ、エネルギーは存在せず、そこには何も存在しないため、測定単位と時間を使用できる速度は達成できないとも言えます。

それは何も問題ではありません。 空間と時間は、絶対的な圧縮の問題と、その後に出現する原子の世界との間の境界線です。 SL 質量の特異点は空間を占めるため、空間の明確な定義は、私たち人間が空間の限界がどこにあるのかを知っている場合にのみ与えられます (限界がある場合)。 ただし、同じ方法で時間を計測し、すべての始まりを知りたい場合は、ここでも同じ答えしかありません。 物質は言うまでもなく、この空間と時間の現象がどのように始まったのかを知る時期はまだ来ていません。 おそらく人類の知識があればあるほど緊張感は不釣り合いに高まるだろう。この秘密によって私たちの太陽系はいつか別れを告げ、数十億年後には新たな銀河系の進化によって人類が再び誕生するでしょう、その時は間違いなく今日と同じ疑問が生まれるでしょう。

時間のゼロ点は、SL 質量のすべてが銀河によって認定された場所です。(ダークマター) しかし、これは影響を受けた銀河でのみ発生するもので、もしあなたが同時に別の銀河に住んでいたとしたら、そこに住んでいる人々には時間がかかるでしょう。 暗黒物質では、太陽も惑星も存在しなはまだ科学によって正式に検出されていないため、彼らは幽霊と呼ばれています。 しかし、それは決して真実ではありません。 それらは反重力であり、太陽の核融合プロセスでのみ効果を発揮します。 もし彼らが SL

私たちの目に見える宇宙の世界観が明らかにされました。

ミサにも登場したとしたら、重力と反重力という 2 つの力の間にパラドックスが生じることになる。 これにより、私たちのような太陽は長期間生き続けることができます。 まず、このような宇宙の超知的な成果を考え出す必要があります。 これらのことを考慮すると、あらゆる物理的条件の法則に従って起こり得ることですが、脳は過負荷で沸騰状態に近い状態でした。
重力をよりよく理解できる非常に良い例は、非同期モーターです。 電気によってステータ内に強力な回転磁界が生成されます。 三相 三相電流は、ほとんどすべての家庭で通常どおり 400 ボルトです。 ローターの鉄構造により大きな渦電流が発生します。 太陽（固定子）から地球（回転子）に向かうのと同じように、ここにも磁場が発生し、これにより回転子が回転し、回転する電場（固定子）に追従しようとします。 ローターが成功すると、ローターに誘導がなくなり停止してしまうため、必然的に空転することになります。 あるいは、ここ地球や宇宙ステーションでの自由落下のように、事実上無重力になるでしょう。 ここでローターに負荷をかけて機械の駆動に使用すると、ステーターは再び速度に達するためにより多くの電流を吸収します。 これは太陽系からの脱出速度につながるため、より多くのエネルギーを太陽に投入し、地球の重力が増加して地球が引き寄せられるか、地球の速度が増加するか、太陽系からさらに遠ざかります。太陽に引き寄せられないように。 ここで理解しなければならないのは、モーター内に約 0.5mm の隙間があり、その力が伝わるステーターとローターとの間の吸引力です。 私たちにとって、この 0.5mm は太陽と地球の間の約 1 億 5,000 万 km に相当します。 地球が太陽の周りを回転すると、同じ現象が起こります。 そして地球には 9.81m/s$^2$ (ニュートンの法則) の引力があります。 月にも同じ磁力線がありますが、月上の少量の物質による吸収により、月への重力が最小限に抑えられます。 理論的に地球が太陽の周りをより速く回転すると、重力は 15m/s2 または 20m/s2 増加します。 理論的には、地球の中心まで運転すると、無重力状態になるでしょう。それは、ローターが走行中に達成しようとしている瞬間です。 ISS の中でも、私たちは事実上地球の中心にすぎません。 宇宙飛行士たちが上空では無重力状態にあるのはそのためです。 この実用的な比較スキームを使用すると、重力は太陽からのみ発生し、その磁場から遠く離れたオールトの雲にまで及ぶことがわかります。 そのため、重力から身を守ることができません。 これは、アルバート アインシュタインの時空湾曲に対するもう 1 つの論理的な証拠です。

私たちの目に見える宇宙の世界観が明らかにされました。

23.) 銀河は互いに制御できますか?

それぞれの銀河は自給自足し、自給自足しています。 別の銀河との唯一のコミュニケーションは重力です。2 つの銀河間の重力は非常に弱いですが、遠方の物質と相互作用しているため、太陽でいっぱいの銀河からのニュートリノの放出と、暗黒天体などの他の重い天体からのニュートリノの放出が重要であると想像できます。スペーサーが見えます。 ニュートリノは（質量があるため）スペーサーとして機能し、一定の距離までは重力よりも若干強いため、太陽間の制御が可能になり（スケッチを参照）、それによって平行飛行中の衝突を回避できます。渦巻き星雲構造が存在しない可能性はある。この制御現象は、自然法則の基本が尊重され、それらが重力という基本的な物理的力に割り当てられている場合にのみ認識できます。ニュートリノは重力の反対極です。 （つまり反重力）したがって、ニュートリノはベータ崩壊によって太陽内でのみ生成され、ベータ崩壊のない SL 質量では生成されません。 ニュートリノには質量があることが証明されているため、SL の塊にニュートリノが大量に降り注ぎ、通過できなくなります。 これらは、まだ無傷の銀河がその寿命段階で破壊されないように、あまりにも早い時期に衝突するのを防ぎます。 私たちの太陽の誤差分析がここで入手できるため、太陽は水素で構成されていると考えられており、この効果はまったく現れず、さらなる研究はすべて悲惨な行き詰まりに終わるでしょう。これは、ゴーストニュートリノとされるものの機能であり、科学はまだ暗闇の中で手探り状態です。 それとも、ニュートリノは見た目が美しいのでクォークの仲間に加えられたと思いますか? いいえ、すべてのクォークには、宇宙の性質を正しく行うために存在する権利があります。 地球上で 600 ～ 800 億個/cm2 のニュートリノを検出した場合、数値を挙げると、他の SL 質量の面積あたり $10^{130}$ 個以上、あるいはそれ以上になる必要があります。 SL 質量内の物質は高度に圧縮されているため (クォーク族のサイズは $10^{-19m}$ から $10^{-24m}$ 、ニュートリノはそこを通過できません。 素粒子と直接衝突して衝撃を与えます。 理解するのに適した例は、クモの巣 (惑星、原子世界) を水流 (ニュートリノ) で洗い流したい場合です。 水はクモの巣を飛び越え、ほとんど手つかずのままですが、ジェットを葉（太陽）にかざすと、クモの巣を洗い流すことができます。 実際の大きさを比較すると、テニスボールではさらに極端であることがわかります。原子殻の大きさは $10^{-10m}$ メートル、素粒子ニュートリノの大きさは $10^{-24m}$ メートル、ニュートリノの大きさを直径 7 センチメートルのテニスボールとすると、網目は 10 兆倍、つまり 7 億キロメートル離れた大きさになります。 これはありそうでありそうにありませんが、それが現実です。 すべてがそこを通過するのは論理的です。 これは、ニュートリノがいかに小さいか、そして私たちのような原子の世界が重力によってどれほど圧縮されているかを示しています。だからこそ、これらのニュートリノを捕捉するのは信じられないほど難しいのです。 (カミオカンデニュートリノ検出器)
その場合、暗黒エネルギー (宇宙の 75%)、つまりニュートリノ生成は、弱い核力と強い核力の中に収容されることになります。なぜなら、このエネルギーも量子の結合エネルギーから解放されるからです。 ただし、75% のエネルギー計算に不均衡が生じるため、ここで改善を加え、実数を提供する必要があります。 これらの数学的計算は、非常に多くの可変銀河によって非常に可変的な方法で作成されるため、私にとっては二の次です。 太陽の中で強い核力と弱い核力を生成する、つまり周期表全体の元素を生成するために、ニュートリノの生成にベータ崩壊が含まれるため、このプロセスが暗黒エネルギーの基礎となります。 暗黒物質には基本的な力 + 質量が 1 つしかなく、それが電磁力であるため、これは同時に重力の影響も及ぼします。これを基本的な力として解釈しますが、実際には、電磁力の積。 (重力と電磁力は分離不可能です) したがって、それは基本的な力として見られるべきですし、見なければなりません。 弱い核力と強い核力は、暗黒物質内で結合エネルギーとして充電され、スイッチを切るか氷の上に置き、太陽で放出されるのを待って、周期表としての ART の階層に基づいて太陽系での生命の誕生を可能にします。 。 では、なぜ重力と電磁力は常に一緒にいるのでしょうか? なぜなら、両方の基本的な力は電子によってのみ構築され、現れるからです。 したがって、これら 2 つの基本的な力 (電磁気力と重力) は決して消えることはありません。

私たちの目に見える宇宙の世界観が明らかにされました。

23.1.) 重力反重力。
重力は、私たちが宇宙で観察できるすべての始まりです。 したがって、生命は電子から作られるため、それなしで生命を想像することは不可能です。 私たちがいるどこでも、どんな小さな原子であっても、この物質との相互作用が存在します。 この重力が大失敗にならず、自ら破壊しないように、自然はその設計図の中で非常に興味深い変異体を開発しました。これらは、いわゆる「ゴースト」ニュートリノです。 この仮定により、私は彼らを霊の衣装から解放します。知らず知らずのうちに、彼らはまだ科学によって正式に検出されていないため、彼らは幽霊と呼ばれています。 しかし、それは決して真実ではありません。 それらは反重力であり、太陽の核融合プロセスでのみ効果を発揮します。 もし彼らが SL ミサにも登場したとしたら、重力と反重力という 2 つの力の間にパラドックスが生じることになる。 これにより、私たちのような太陽は長期間生き続けることができます。 まず、このような宇宙の超知的な成果を考え出す必要があります。 これらのことを考慮すると、あらゆる物理的条件の法則に従って起こり得ることですが、脳は過負荷で沸騰状態に近い状態でした。
重力をよりよく理解できる非常に良い例は、非同期モーターです。電気によってステータ内に強力な回転磁界が生成されます。 三相 三相電流は、ほとんどすべての家庭で通常どおり 400 ボルトです。 ローターの鉄構造により大きな渦電流が発生します。 太陽（固定子）から地球（回転子）に向かうのと同じように、ここにも磁場が発生し、これにより回転子が回転し、回転する電場（固定子）に追従しようとします。 ローターが成功すると、ローターに誘導がなくなり停止してしまうため、必然的に空転することになります。 あるいは、ここ地球や宇宙ステーションでの自由落下のように、事実上無重力になるでしょう。 ここでローターに負荷をかけて機械の駆動に使用すると、ステーターは再び速度に達するためにより多くの電流を吸収します。 これは太陽系からの脱出速度につながるため、より多くのエネルギーを太陽に投入し、地球の重力が増加して地球が引き寄せられるか、地球の速度が増加するか、太陽系からさらに遠ざかります。太陽に引き寄せられないように。 ここで理解しなければなら私たちの目に見える宇宙の世界観が明らかにされました。

ないのは、モーター内に約 0.5mm の隙間があり、その力が伝わるステーターとローターとの間の吸引力です。 私たちにとって、この 0.5mm は太陽と地球の間の約 1 億 5,000 万 km に相当します。 地球が太陽の周りを回転すると、同じ現象が起こります。 そして地球には $9.81m/s^2$ (ニュートンの法則) の引力があります。 月にも同じ磁力線がありますが、月上の少量の物質による吸収により、月への重力が最小限に抑えられます。 理論的に地球が太陽の周りをより速く回転すると、重力は 15m/s2 または 20m/s2 増加します。 理論的には、地球の中心まで運転すると、無重力状態になるでしょう。それは、ローターが走行中に達成しようとしている瞬間です。 ISS の中でも、私たちは事実上地球の中心にすぎません。 宇宙飛行士たちが上空では無重力状態にあるのはそのためです。 この実用的な比較スキームを使用すると、重力は太陽からのみ発生し、その磁場から遠く離れたオールトの雲にまで及ぶことがわかります。 そのため、重力から身を守ることができません。 これは、アルバート アインシュタインの時空湾曲に対するもう 1 つの論理的な証拠です。

私たちの目に見える宇宙の世界観が明らかにされました。

スケッチ 8 結合エネルギー ニュートリノ。

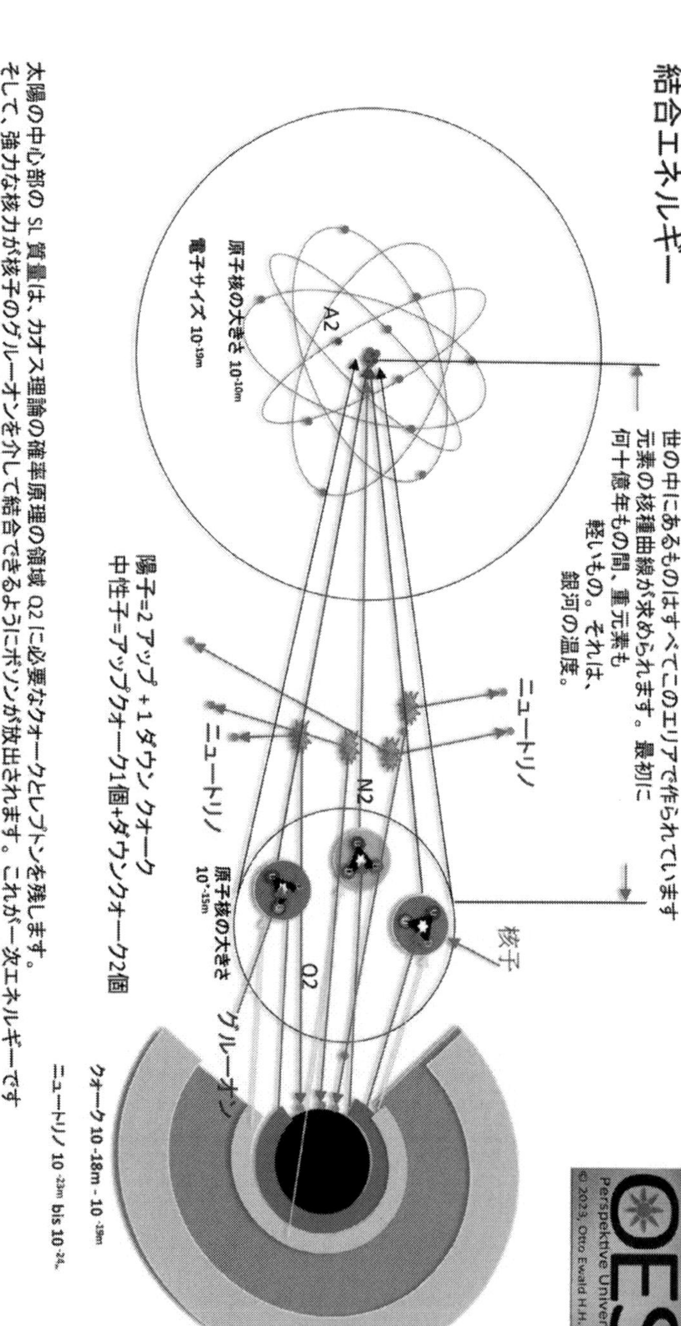


太陽の中心部の SL 質量は、カオス理論の確率原理の領域 Q2 に必要なクォークとレプトンを残します。
そして、強力な核力が核子のグルーオンを介して結合できるようにボソンが放出されます。これが一次エネルギーです
重力が小さすぎるために自由になる太陽。次の瞬間、核種曲線に存在するすべての核種が生成されます。
主にニュートリノの崩壊による元素。大量のニュートリノが太陽の表面に衝突し、
制御されたプロセスを確保するため。この自然の技術がなければ、均一性は生じないでしょう
核子へのエネルギーの供給、そうでなければ中性子星はその後成長できなくなります。ここが彼らが形成される場所です
N2 は電子を介して元素を通過し、原子核に弱い核力を与えます。これの最後に
つまり、私たちにとって不可欠なのは光線であり、主にヘリウム上の $H^2$ $H^3$ の融合に起因すると考えられています。これ
プロセスは茶色から黄色への移行領域で発展し、その後太陽コロナ上で原子世界に至るだろう
吹き飛ばされた。

スケッチ: 8 結合エネルギー ニュートリノ。

私たちの目に見える宇宙の世界観が明らかにされました。

**23.2.)** 空間の膨張はどのように見るべきですか?

ビッグバンのビジョンの観点から見ると、宇宙の膨張は宇宙のすべての原因です。

これは、このハッブル定数における最初のクリーピング誤差であり、他の計算によるこの拡張結果につながります。 宇宙の大きさを正確に知る人は誰もいないため、それを大まかに仮定することはできません。論理的な性質を持つ確率は、私たちの想像力の中で宇宙が無限であるという事実につながるだけです。 このような人々は、そのような拡大の予測を立てるにはあまりにも視野が狭いのです。 この現象を詳しく見るには、他の章ですでに説明したエネルギーが必要です。 より正確には、いわゆる暗黒エネルギーと暗黒物質です。 そしてそこにも解決策があります。では、私の考えに従ってみてください。 (スケッチを見るとさらに分かりやすくなります。)

続き(スケッチスケール宇宙)からは、まだ見えていない宇宙を明らかにするために入っていきます。

無限に広い空間を想像してください。 部屋にはすべての銀河が入った風船があります。 私たちは現在、暗黒物質を除外していますが、これを考慮に入れると、銀河形成の構造につながる可能性があります。 これで、暗黒エネルギー (ニュートリノ) が何であるかがわかりました。つまり、すべての風船には特定の反重力エネルギーがあるため、すべての風船は再び膨張したり収縮したりすることができます (この場合は銀河の溶解)。銀河に太陽が何個あるかによって決まります。 ここで空間が閉じていると考えると、空間は無限であると考えることができます。 ここでエネルギー保存則に戻りますが、これは何を意味するのでしょうか? 確かにその通りです。エネルギーを機体に注入することはできません。 エネルギーは破壊することはおろか、生み出すことも増やすこともできません。 それはどういう意味ですか? 宇宙のある部分で膨張するすべての風船は、同時に他の領域、あるいは風船と風船の間でさえ収縮します。 これは重力と反重力によって行ったり来たりするゲームです。 したがって、重力だけを持つ暗黒物質を過小評価すべきではありませんが、目に見える物質には膨張があると言い、膨張があると結論付ける傾向がありますが、それは誤りとなります。 これは、反重力が現れなくなった場合にのみ支配的になります。 科学的計算に基づいて、私たちの目に見える宇宙には約70% の暗黒エネルギーと約 30% の暗黒物質が存在すると仮定すると、それは宇宙の別の領域 (私たちが認識している領域) にも存在することになります。見ることはできません)比率は逆転し、暗黒エネルギーが 30%、私たちの目に見える宇宙の世界観が明らかにされました。

暗黒物質が 70% になります。 エネルギー保存の法則を常に念頭に置いてください。 ここでもう一度繰り返します。これらのニュートリノが他の太陽 (銀河) にこの衝撃を放出しなければ、宇宙にはいかなる構造も機能シーケンスも形成されません。 宇宙にはすべての物質の完全な集合体があります。 あとは玄関の外を見て太陽を眺めるだけです。 核はまだ水素で構成されているのでしょうか? なぜなら、もしそれが水素であれば、ニュートリノはまっすぐに飛び、太陽と全く相互作用しないからです。何かに使われずに素粒子の中に何かが存在すると誰が信じられるでしょうか? 自然はそこまで愚かでしょうか? 私はすべてのものには紛れもない意味があると信じており、したがって私が仮定する空間定数もまたこの本で明確に表現されています。 したがって、この本の世界観にもう一度集中する必要があります。なぜなら、本書は主題に至るまですべての疑問に答えているからです。 彼女はどこから来るのか? 宇宙はどのくらいの大きさですか? それはいつ、どのようにして生じたのでしょうか? それに対する答えは決してありません。

**24.)** 天の川のような銀河の計算と形成。

現在私たちの銀河系に存在する太陽は、約 500 万から 600 万の太陽質量を持つ可能性があります。 確かに、多くの銀河ではより多く、多くの矮小銀河や銀河の外側ではさらに少なくなります。 つまり、どういうわけか、この見積もりは常に正しいのです。衝突後に新たに形成された SL 質量によって再吸収される物質は、銀河の大きさにもよりますが、おそらく 50 兆から 500 兆の太陽質量に相当します。 ここでは、墜落後 1 億年後から今日までを計算します。 これは、より良く想像できるようにするための、感覚の観点からの純粋な推測です。

かつて、そして今もすべての銀河の太陽から放出されている物質は、現時点ではほとんど重要ではありませんが、200 億年から 1000 億年の生涯にわたって重大な影響を与えるでしょう。

計算上の材料損失は太陽あたり平均約 800 万トン/秒。 * 3,000 億個の太陽 $=2.4^{18} * 3600$ 秒 $= 8.64^{21} * 24$ 時間 $= 2^{23} * 365$ 日 $= 7.568^{25}$ トン/年。 * 100 万年 $= 7.568^{34}$ kg/100 万年。 これは、100 万年あたり、銀河系の太陽質量約 37,840 個分に相当します。 約 10 億年後には、太陽質量は約 3,800 万個になるでしょう。 銀河のライフサイクルは、初期の大きさに応じて 100 億年から 1,000 億年の間です。 私たちの場合、それはおそらく 300 ～ 350 億年です。 この期間中、約 11 億個の太陽質量が太陽風によって太陽から燃え尽き、分子物質を介して SL 質量に移動します。 副作用、つまり老廃物私たちの目に見える宇宙の世界観が明らかにされました。

が発生します。 これは、それぞれの太陽が惑星とそれに付随するすべてのものを含む系に形成されることです。 私たちは本質的に、基本物質から原子物質によって進化し、原子物質で溢れかえり、地球の奴隷とされました。
残りは直接吸収され、暗黒物質だけが残ります。 これで、すべてを少し絞り込み、最初からその大部分を追加し、さまざまな銀河サイズを想定できるようになり、おおよその結果が得られ、そこから銀河の進路が明らかになります。それが私が伝えたいことだからです。ここ。 SL 質量における銀河からのエネルギー質量流。 これはエネルギー質量流量として理解されなければならず、新しい定数を形成します。
その結果、SL 質量の重力ポテンシャルは徐々に増加し (ここでは太陽と SL 質量の比例比較が行われます)、弱体化した残りの太陽はますます中心に引き寄せられます。なぜなら、200 億年から 300 億年後に太陽はこの重力を持つからです。私たちのものと同様に、質量の大部分が失われ、必然的に SL の質量に近づいています。 私たち人間の生命は、誕生したときと同じように、私たちが気づかないうちに進化的に縮小されています。
このサイクル中、銀河の内部にある SL 質量太陽が最初に犠牲になります。
それらのほとんどはすでに解散しており、そのすべてが私たちのような生命を生み出したわけではありません。 これをエネルギーサイクル定数と呼ぶことができます。 これは銀河の自然法則であり、人間の介入がなくても完璧に機能し、魅力的です。 反重力のスケッチを参照してください。
ここでは、2 つの異なる SL 寸法の 2 つの例を示します。私の考えでは、衝突から約 1 億年後にほぼ完全に再形成された SL の質量は、現在の質量の約 95%、つまり約 600 兆個の太陽質量に相当します。 この比較的詳細な計算により、スペインのスケールで使用すると、SL 質量の直径はほぼ 13.5cm と非常に小さいことがわかります。 実際には、その直径は約 120 光時間、つまり 1,300 億 km になります。スペインとの比較の測定データ。
100,000 LJ = 約 950,000,000,000,000,000 km : 1,000,000,000 mm スペインスケール。1,080,000,000 km = 1Lh
天文単位 (1 億 5,000 万 km) = 0.157mm スペイン語スケールでの太陽から地球までの距離 100,000 光年: 1,000km または 1,000,000,000mm
私の内なる感覚だけを基にすると、SL の塊はもっと大きく、スペインスケールで 5 メートル、実際には直径 6 光月に相当すると想像できました。
直径は 4.5 兆 km ですが、それでも比較的小さいように見えます。 太陽の直径が 140 万 km であることを念頭に置いて、40 ～ 70 兆個の太陽質量がここに収まるでしょう。 圧縮された物質の核ははるかに小さいです。 私はこれらの計算は二の次であり、他の人が行うべきだと思います。 太陽のサイズと SL の質量のサイズには非常に多くのバリエーションがあるため、ほとんどすべてのものを受け入れることができるからです。 目に見える宇宙の質量はおよそどれくらいですか?私たちの太陽は、直径 200 km の SL 質量の核として計算されます。 これは、約 700 万 km3 x 3,000 億の太陽 = 約 $2.5^{18}$ km$^3$ + 私たちの太陽よりも大きい太陽による 30% 増の質量 = 約 $3.3^{18}$ km$^3$ + 現在までにすでに重力によって選別されている太陽に相当します。 最初の 1 億年に約 2 兆個あったとすると、これは $3.3^{18}$ km$^3$ の約 7 倍の質量＝

$2.2^{19}$km$^3$ に相当します。現在、私たちの渦巻星雲と渦巻状の腕の間にはまだ約 10,000 個の小さなブラック ホールの塊が存在すると考えられます。 。これはかなり貧弱な計算だと言わざるを得ません。 この塊は、私たちが現在すでに持っているものと同じである可能性があります。 したがって、およそ = 4.519 km$^3$ コア内の SL 質量を太陽と惑星の比率、つまり、総 SL 質量の約 99% が暗黒物質として割り当てたいと思います = $4.5^{19}$km$^3$ = 約 $4.5^{21}$km$^3$ これが私たちの SL である場合この球の直径は約 18,000,000km で、これはほぼ 55 光秒に相当します。 スペインでは 0.019mm を意味します。 計算ミスがあったのではないかと自問しました。 ここで係数 1000 を取ると、SL の質量はひよこ豆よりわずかに大きくなります。 したがって、SL の質量は太陽系とほぼ同じ大きさです。

私は寛大で真ん中を選ぶので、因数 500 = $4.5^{21}$km$^3$ * 500*500*500 = $5.6^{29}$km$^3$ この SL の質量は、スペインスケールで 9mm 強、つまり太陽系より小さいサイズになります。 私にとって、これは銀河系の誇張された質量になりますが、この計算は別の場所に当てはまります。 これで、この質量を私たちの目に見える宇宙にある 5 兆個の銀河に推定できるようになりました。すると以下が出てきます。＝$2.8^{48}$km$^3$ これが目に見える総質量になります。まだ含まれていない暗黒物質はこの質量の 30% を占める可能性があり、その質量は約 3.648km$^3$ になります。 それらのことは完全に忘れて構いません。 この質量は素粒子まで圧縮され、宇宙全体を方向付けます。 この計算を保証するつもりはありませんが、それは考えるべきものです。 誰もが自分の意見を形成すべき場所。 個人的には、目に見える宇宙の実際の質量はもっと大きいと想像できます。 現在の暗黒エネルギーと暗黒物質の計算は、太陽に含まれる水素などに基づいています。 したがって、これらの計算は誤った基礎に基づいています。ご存知のとおり、これらの他の 2 つの計算は非常に離れており、1 つは直径 120 光時私たちの目に見える宇宙の世界観が明らかにされました。

と信じられないほど小さく、最後の計算は直径 6 光月で、SL の質量としては比較的大きいですが、それでも小さいです。 なぜなら、5 メートルの鳥瞰図では、100 キロの高さからマドリードを見ることはできないからです。 前の段落の計算は言うまでもありません。 多くの銀河の実際の大きさは、おそらくその間のどこかにあるでしょう。 おそらく、スペインのスケールで 2 メートルから 5 メートルという私の推定は、多くの可能性のうちの 1 つでしょうか? SL 質量の写真を見ると、これらの SL 質量の大きさは 1 万光年から 2 万光年である可能性がありますが、これはまったくの誇張です。 このホーカスポーカスを自分の目で見てください。 このような巨大な塊で圧縮がいつ始まるかはまったくの推測の域を出ないため、考えてもらいたいのです。 同じ質量が中性子星にも含まれており、すでに赤い太陽を重力によって簡単に吸い出す能力を持っています。 その結果、食欲が良ければ、中性子星は時間の経過とともに SL 質量に成長する可能性があります。 正確にはわかりませんが、想像することしかできません。 それを排除することはできません。 私にとって決定的なのは、物質を圧縮しなければ、太陽に見られるようなエネルギーを生成したり再生したりすることはできないということです。 要するに; プロセス全体が機能しません。 これまでのところ、周期表のどの元素とも比較できないようなモンスター物質を表す表現はありません。 それは単なるクォークの世界であり、一般相対性理論の原子の世界ではありません。 ここに欠けているのは、弱い原子力と強い原子力である。比較可能な例として、SL 塊内のモンスターの塊は、木材の圧縮と地球上のエネルギー駆動としての太陽の光合成との比較よりも数兆倍効果的であることがわかります。樹木は主に葉から $CO_2$（ガス）を吸収し、C（固体）を幹に蓄え、再び酸素 $O_2$（ガス）を放出します。 木材を燃やすと酸素が必要になり、再び結合して $CO_2$ が形成されます。燃焼プロセス中に燃え尽きる熱は、太陽の光合成の圧縮によって生成された炭素から生じます。 圧縮された SL モンスターの塊と同様に、ここでもサイクルが確認できます。 したがって、太陽電池材料の燃焼プロセスは次のように解釈できます。SL の質量内では、重力が非常に強いため、光はまったく生成されず、熱放射やその他のエネルギー損失も発生しません。 核融合プロセスはなく、基本的な電磁力による重力以外のエネルギー放出もありません。 木材は燃えていないときも同じように反応します。 常に質量に依存する一定の重力を超えると、重力は核融合を許可しなくなり、弱い核力と強い核力は無力化され、活動できなくなります。 原子殻はもう存在しません。 これを木材と比較してみると、木材は SL コンパウンドのように爆発せず、非常にゆっくりと燃焼します。 太陽が水素でできている場合、酸素も融合するため、その温度ですぐに爆発します。 重力はシャフト内のこのような圧力を保持し、制御することはできません。 そのため、核勢力は太陽の中で核融合が解放され、周期表全体で再び生命が形成されるのを待っているのです。

SL 質量の性質と目的は物質を蓄え、認定し、圧縮することであり、当初考えられていたように、重力は空間の曲率から発生し、光すら出なくなるというものではありません。 それは何の役に立つのでしょうか? 意味がない！ SL マスには全く光がないので出てきません。 もし宇宙の建築家がいるなら、彼はそのような発言を笑い飛ばすだろう。 自然には計画があり、その解釈が逆効果ではないため、これは否定できます。 したがって、光が出たり、放出されたりすることはありません。 ここで光（核融合）は何に使うのでしょうか? 結局のところ、自然は愚かではありません。事象の地平線、シュヴァルツシルト半径、特異点などの超複雑な天文用語と同様に、ホーキング放射や時空曲率も興味深い言葉ではないでしょうか。 しかし、宇宙でそれを使用する必要性は見当たりません。 つまり、実際には非常に単純で、上で説明したように、巨大な次元の非常に大きく巨大な物体が存在する、それだけです。 ここでは、エネルギーを正しく読み取ることができれば十分です。そうすれば、後で答えられない質問が生じることなく機能します。 つまり、衝突によってこの SL の塊の中に総エネルギーが放出され、これらの 1 兆個の塊の 1 つが私たちの太陽です。 私たちのような太陽は、別の SL 塊と衝突したときに、(推定では) 20 兆から 40 兆を超える他の小さな破片とともに移動します。 この衝突の衝撃速度は時速 400～500 万 km を超えます。 (あるいはそれ以上?) ここではさまざまな破片が形成され、最後の塊が再び集まって SL 塊を形成し始めるまで、その影響が 1 億年以上続く可能性があることは誰でも想像できます。 最も多様な銀河の形成は、さまざまな衝突とさまざまな SL 質量によって形成されます。 塊がはるかに大きい場合、塊はそのまま残る可能性があり、すでに説明したように、小さい塊は破裂します。 天の川銀河よりも直径が 10 倍大きく、したがって総質量がより大きい銀河もあります。しかし、約 1% と推定される大部分は、衝突、偏向、重力の影響や斥力の影響により、自ら見つけた軌道でのみ銀河内に残ります。 これは、衝突が数兆個の破片 (塊または粘性の塊?) に分裂する衝突の確率論にほぼ相当します。 (不明事項) 軌道に到達しなかった質量の 20～40%は現在までに怪獣質量に再吸収されている。 この状態では、他の銀河は高温ガスの殻に隠されたままなので何も見えません。 また、大部分が銀河私たちの目に見える宇宙の世界観が明らかにされました。

全体を離れて他の銀河に密輸する可能性もあり、それが制御不能な爆発を引き起こし、それによって私たちのような銀河星雲 (オリオン星雲) が形成される可能性があります。 これは、私が想像する銀河の構造の大まかなものです。 私たちの銀河系の外には、星団だけでなく、負け戦を繰り広げている個々の星もあり、より小さな SL の質量が矮星銀河を構築しようとしています。 これはすべて説明に当てはまり、ますます透明になってきています。太陽のこの旅により、新しい惑星形成の全プロセスが将来の太陽系で再び始まり、おそらく再び新しい地球に人々が現れるでしょう。私たちの科学の現在の発見によると、エネルギー保存の法則によって方向性はエネルギーによって 100% 決定されます。 ここでは、最も基本的な物理的枠組み条件が私たち人間によって書き留められており、原子物質が関与するとすぐに理論に適用する必要があります。 私たちが理解するのが難しい量子の世界は、私たちの基準からすると理解できないものであり、そのまま受け入れるしかなく、急がないとまた以前とは変わってしまいます。 つまり、周波数や放射線、さらにはニュートリノを介した何らかの影響があるに違いありません。私たちの研究ではこれらの分析が行われていますが、どのように影響するのかはわかりません。しかし、どういうわけかそれを操作します。 それはクォークについてです。 おそらく、測定中に常に測定プロセスを妨害するのはやはりニュートリノであり、誰もそれに対して何もすることも、ニュートリノを遮ることもできません。 彼らは原子世界のどこにでも飛び回ります。
他のすべてのバージョン、特にガス雲と星屑からの太陽の形成に関する一般の普及は十分に信頼できるものではありません。 水素は最も膨張率の高い気体であり、それがまだ 10 億度以上の妥当な温度範囲内にある場合、惑星形成前に崩壊することはありません。 水素の融点または沸点は、約マイナス 273°C または 0 ケルビンです。 水星、金星、火星を含む地球には、融点が 1,500 度を超える鉄の核があります。 この「論文」をどのように想像すればよいでしょうか？ ここで、熱力学的条件を伴う集合状態は数マイル離れています。 圧力は拡大的か中立的かのどちらかであり、どこでも同じです。 したがって、太陽が主な物質として水素で構成されているはずはなく、作られたはずもありません。 太陽の速度も考慮に入れると、太陽系内のすべてのプレイヤー (180 を超える惑星と衛星、数十億の小惑星と隕石) が時速 80 万 km でここにドッキングするのはどうすればよいのか、おそらく終わりでしょう。 すでに説明したように、太陽からの質量損失を計算するときは、100 億年かけて太陽から放出された物質の重さを量るだけで済みます。 同じエネルギーが以前にガス物質雲から吸収されていたはずです。 これは決して不可能ではありませんが、太陽は今日も安定しており、今後何十億年も燃料を供給します。 エネルギー保存の法則は何を教えてくれますか? 見てください！ この科学的知識は間違っており、あらゆる状況において物理法則に違反します。 ここには正式な科学的改善が必要です。 このようなことが何十年も人類に発表されてきたのは悲しいことです。 これは私のビデオの中で、人類に対する精神的、知的身体的危害として伝えられています。

**25.) 中性子星の形成。**

しかし、今度は中性子星やマグネターへの第二の結合エネルギー段階でしょうか？ 太陽の核の周りのエンベロープ（対流帯、光球、彩層、太陽コロナなど）が特定の重力レベルで十分に結合されなくなると、質量は膨張し、膨らみ、ゆっくりと太陽から赤色巨星に変化します。これは、太陽が水素でできていると仮定した場合、私たちの科学が予測していることとほぼ同じです。 私はこの科学的知識から距離を置きたいと思っています。 いくつかの章では、ナンセンスを信じないよう、詳細に説明しています。 太陽が安全に機能することについて私が考慮しているのは、太陽を結びつける重力だけではなく、太陽の制御されたフレアにはまったく異なる力が関与していることは確かです。 私は今、核融合プロセスが停止するこの瞬間に取り組んでいます。
私の意見では、SL 質量（つまり、太陽の核）の結合エネルギーからの補充は、太陽の核の表面へのニュートリノ衝突の比例的な減少により、徐々に十分な温度を生成できなくなり、その結果、さらに核融合が進行すると、不可逆的なシステムのようにそれ自体を維持できなくなります。 天文学的な時間で崩壊し、その結果、N2 から A2 への結合エネルギー相が停止します。 残るのは、最終生成物として陽子と中性子を含む圧縮されたクォーク族です。 もし太陽が水素でできているとしたら、何も残らないか爆発するまで崩壊するでしょう。この核融合を他に止めるものは何でしょうか? そうなると中性子星もマグネターも存在しないことになる。 核融合のこのブレーキの過程では、理解できる何かが起こっているに違いありません。 したがって、太陽は原子からできているわけではありません。 もう気づき始めていますか？
このプロセスにより、太陽が膨張し、何百万年にもわたって太陽系全体が破壊される可能性があります。 彼女はそれを構築したので、そうする権利があります。 宇宙の性質は、このプロセスが効率的に行われることを考慮に入れているに違いありません。 この破壊の間に、すべての惑星と衛星はガス物質状態に変換され、SL 質量に戻ります。 残るのは中性子星だ。 この太陽質量の膨張は、エネルギーが中程度で天文学的に小さいため、非常にゆっくりと目立たないようにしか起こりません。 最大範囲はおそらく 10 ～ 15 光分と推定されます。 これは、そのようなオブジェクトのサイズを比較すると明らかです。 オリオン星雲、ワシ星雲、かに星雲などの星雲のサイズを示す基本的なエネルギーは存在せず、これらはまったく異なる口径のものであり、おそらく最初の衝突によって銀河に飛び散った小さな SL の塊から生じたものと考えられます。 ここでは質量は 1000 倍大きくなります。 先ほど述べたように、2 ～ 3 光時: 4 ～ 6 光年、これらのよく知られた星雲は約 20,000 倍の大きさです。
太陽核の Q2 から N2 への結合エネルギーの減少は、おそらく、同時に発生する 3 つのエネルギーの流れの相互結合を通じて、赤色巨星への太陽コロナの拡大に影響を与えると考えられます。 一方では、対応する重力の減少に伴う電磁気、次に核子の表面放出の減少。これは、N2 から A2 への結合エネルギー推力におけるニュートリノ生成の減少とともに自動的に顕著になります。 これにより、核融合は徐々に停止していきます。 取り返しのつかない結果を伴う。 （このプロセスには何百万年もかかります）太陽のコロナはもはや補給を受けられず、赤色巨星（以前は太陽）が徐々に惑星に食い込んでいきます。 このプロセスの最後に残るのは、中心に中性子星をもつ小さな、ほとんど知覚できない物質の星雲だけです。 中性子星が危険なミサイルになるのは、元の速度はほとんど変わっていませんが、その魅力は比類のないものであり、ニュートリノで中性子星から身を守らなければならない他の太陽も同様です。 太陽のようにニュートリノの反発効果はなくなり、衝突から守られました。 直径 10～ 20km の小さな中性子球は、それ自体では他の太陽がそこから遠ざかるには不十分です。 この保護は銀河が老化するにつれて失われ、それがますます頻繁に起こり、ある時点で太陽や中性子星などが存在しなくなります。 つまり、太陽の死は宇宙にも存在するのです。 永遠なんてないよ。 この結合エネルギー N2 と A2 の相殺は、主に陽子と中性子の生成のためのニュートリノ溶液の減少プロセスによって引き起こされ、この不可逆的なプロセスは太陽の死につながります。 したがって、別の理論としては、核融合のための N2 供給が停止するため、クォーク族のニュートリノが枯渇する可能性があります。 もし中性子星のこの質量を調べることができれば、素粒子（クォーク族）が電子とともに最も高密度の空間に詰まっていることがわかるでしょう。 現在の形では、私たちが知っている 4 つの基本的な力はすべて、重力によりこの質量の中に存在します。 しかし、弱い原子力はもう発展できません。 それは中性子星のしっかりとしたグリップの中に隠されたままです。 私の推測では、重力が弱くなりすぎて、核からのクォークの溶解メカニズムにおける融合プロセスが終了する閾値に達しているのではないかと思います。 気にしないでください、次の銀河衝突はそう遠くないでしょう。この結合エネルギープロセスは SL 質量内で発生し、衝突後の太陽でのみゆっくりとすべてを溶解して復活させ、この段階が終了した後は中性子星で終わります。 したがって、Q2 から N2 への結合エネルギー相はもはや存在せず、中性子星が現在構成されているのは質量 Q2 と N2 だけです。 ここにはこのプロセスを可能にする一次エネルギーがないため、N2 から A2 への融合は行われません。 残るのは、磁力の強い、比較的強くて小さな星だけです。 何百万年も経つと、おそらく完全に冷えてしまい、もう見ることができなくなるでしょう。 中性子星の残りの質量は保持されるため、核融合はもはや起こりません。 彼は飛び続け、いたずらをしたり、他の物体と合体したり、あるいは彼が所属する SL マスで運命が待っていますが、ある時点でより多くのマスで再びスタートするだけです。
超新星は、おそらくかなり珍しい現象であり、2 つの中性子星 (または小さな SL 質量) が大きな重力で衝突します。 これらの小さな SL 質量の多くは、すべての銀河で見つかります。 これらは、まだ自身の重力が大きすぎるため、核融合段階に入らなかった、単に大きな塊です。
銀河内で発生する他のすべての現象は、説明されたこのエネルギー流分析に基づいて特定され、信頼性を持って受け入れられます。 したがって、スーパー新星は、中性子星と太陽、または小さな SL 塊との境界に大混乱を引き起こし、空に立派な花火を打ち上げて私たちに喜びを与える天体です。 それ以上のことはないと思います。 この思想概念によれば、太陽系の外には原子の実体を持つ惑星は存在しないことになる。 太陽が燃え尽きて中性子星が形成されると、太陽系は必ず破壊されます。 その後、この物質は星雲内に配置され、SL 質量によってより迅速に吸収されます。 他の太陽と同じように、私たちの太陽もこの運命に遭遇するため、この溶解プロセスは、SL 質量に素早く戻るための効率的な認定です。そうしないと、中性子星が自分自身を見つけて、私たちの目に見える宇宙の世界観が明らかにされました。

おそらく超新星を生成するため、より早く太陽が移動することになります。吸収される。 これらはエネルギーの痕跡であり、それ以外にはとんど何も結論付けることができません。 銀河の中には、分類できない、あるいは我々が考慮していない非論理的な現象が存在する可能性もあります。 銀河を細部に至るまで観察すると、エネルギーの流れの軌跡上でスムーズに機能するために、すべてが何らかの形で存在する権利を持っています。

**26.)** スパイラルアームフォーメーションのアーキテクト。

私たちの宇宙の年齢は 138 億年と推定されています。 これは正しいはずがありません。 この年齢は宇宙全体の年齢ではなく、私たちの銀河系だけの年齢であるため、これは間違いなく疑問視されなければなりません. 地球は、コンパクトな固体であると考えられている同位体崩壊により、今日の年齢は約 45 億歳であると推定されています創作活動が冷めてしまった。 もしそれが私の主張通りでなければ、すべての銀河は多かれ少なかれ同じ大きさで、同じ発達段階にあるはずですが、実際にはそうではなく、実際に今発達し始めている銀河もあれば、ちょうど消滅しつつある銀河もあります。 銀河の構造さえ形成されていますが、これは明らかに長い発展段階によるものです。 しかし、これもまた、これまでもそうであったように、私たちの学者の典型的なものです。 私たちはその真ん中にいます、地動説の世界観のように、太陽が地球の周りを回っていて、地球は平らで、それからすべてがビッグバンです、今では宇宙も膨張しています、リストは延々と続く可能性がありますホーカス ポーカスが出てくる最後に。 これは狭量な考え方とも言えます。 なぜなら、私たちは宇宙に存在する数兆個の地球のうちの 1 つにすぎず、その数は増え続けているからです。 これは私たちのためだけに作られたものではなく、すべてが地球の周りを回っていた 1 世紀や 2 世紀のようなものではありません。
年齢も宇宙の 138 億年ではありません！ ここに数字を入れると目まいがしてしまいます。 これは、（宇宙全体の）ビッグバン理論を否定しなければならないことを示す多くの論理的証拠の 1 つであり、さらに悪いことに、そのようなことを考えるのはまったくばかげています。
多くの人に振り向かせるよりも、沈黙して無知を受け入れる方が良いでしょう。

私たちの目に見える宇宙の世界観が明らかにされました。

銀河の年齢は、さまざまな銀河の渦巻き腕から大まかに推定できます。銀河内で最初から最後まで発生するエネルギーの方向を知ることによってのみ、この興味深く美しい渦巻き腕の形を分析することが可能になります。 すべての銀河は、その大きさに関係なく、渦巻腕を形成する傾向があるため、渦巻腕形成定数も仮定する必要があります。 これは、未知の物質からの重力という同じツールを備えた太陽系に似ています。 ここですべてのパラメータが集まり、この現象が形成されます。私の意見では、この渦巻き腕の形成には、銀河の自立形成に必要な証拠がすべて含まれており、科学的に想定されているような宇宙全体のビッグバンではありません。 最初に小さなビッグバン、あるいは銀河ビッグバンが起こり、2 つの SL の塊が一緒に爆発、崩壊、または爆発します。 ここでは、SL の塊の破片を含む 100 万から 10 億度の熱雲が秒速数千キロメートルで広がっています。 この膨張は、2 つの SL 質量の基本質量のサイズに応じて、最大 3 億年以上続きます。 これにより、新しい SL マスを使用してコア ポイントに比較的迅速に戻ります。 2 つの SL 質量の約 30% は、直径が 5 万 LJ 以上から 100 万 LJ 未満の明るいガス雲としてエンベロープ内にあります。 私たちの銀河が丸い楕円銀河だったとき、直径はおそらく 15 万から 20 万 LJ でした。 この拡大を達成するには、ガス雲の平均速度を時速約 200 ～ 300 万 km、当初は時速 400 ～ 500 万 km と見積もることができます。
この衝突は何百万年も続き、すでに前を飛んでいた太陽の後を追う太陽がどんどん増えていきます。 このスプレッド ベルトはいくつかの段階で拡張できます。 最初の第 1 ～ 3 飛行隊は高い初期運動量によって宇宙に運び出され、その後銀河に戻ることはありません。 他の飛行隊は多くの障害物を通過して軌道を回転するため、速度も低下します。重力の違いにより、この基本構造は数十億年にわたって何度も衝突し、最終的に円盤の形が形成されます。 私たち人間の指紋が異なるのと同じように、銀河ごとに異なる渦巻き腕があります。 これだけでも、銀河が異なる方法で形成されたことがわかります。 クラッシュ中には、この混乱について考え、すべてのバリエーションを試してみなければなりません。そして、最終的には必ずスパイラル アームの構造に行き着きます。 これにはすべて意味があり、そのような自然な知性を飲み込まずに口の中で溶かす必要があります。 私たちの宇宙がこれまで生きてきた時間、そしてこれからも生き続ける時間、私たち人間が生きている時間はプランク時間未満です。 最初の 30 億年で、出発する太陽の半分以上が SL 質量に再吸収されます。 主に、将来の円盤の上下にあった太陽がこの影響を受けます。ここでは引力が強すぎるため、銀河は引力を許容したくありません。 これはオーロラとして地球上で小規模に観察できます。

ある現象（ニュートリノ）には、この太陽の周期を保証する特別な能力があると言われており、この周期は銀河の中心の周りに何十億年も留まり続ける可能性があります。 他の場所で説明されているように、ニュートリノは太陽から太陽への反発力を持っています。 そうでない場合は、ここで説明したように、太陽の公転が非常に頻繁であるため、重力によって互いに引き付けられ、互いに融合することになります。この現象はこう見なければ答えはありません。 それでも、特定の条件下では衝突は発生しますが、事故率はわずかであると認められます。別の太陽までの距離に応じたこの反力 (反重力) は、平行軌道では破壊的な接近が起こらない自動操縦システムにたとえることができます。ここには、太陽の核がニュートリノを通過できない物質で構成されているというさらなる証拠もあります。もしまだ科学的に想定されているように、それが水素でできていれば、ニュートリノは他の太陽を通って飛び回り、反発プロセスは起こらず、論理的には暗黒のエネルギーが発明され、それが無知を主張し、宇宙の膨張を仮定することになる。 自分自身の太陽であっても、正確なエネルギー放出は保証されません。なぜなら、自分自身のニュートリノがクォーク族の構築と分解を実行し、その後結合して核子を形成する可能性があり、このプロセスから一次エネルギーが原子要素に生成されるからです。 (Q2 から N2、そして A2)。

重力とニュートリノの反発力という 2 つの力によって、渦巻腕が形成され、太陽の密度に応じて、さまざまな地層の構造と整列します。 他のエネルギー特性は特定できません。 他のエネルギーの流れも証明できないため、他の形状の可能性もあり得ません。 このプロセスは、このような螺旋腕が形成されるまで約 50 ～ 120 億年かかると考えられます。 (サイズに応じて) これらのニュートリノ エネルギーの特性は、暗黒エネルギーを特定するために使用された誤った分析から明らかに導き出される可能性があります。 この問題は、他の考えられる解決策を通じてすでに解決されています。 これは入門的な表面的な説明であり、確かに理解するのは簡単ではありませんでした。 理解を深めるために、次の例を使用して説明します。

私たちの目に見える宇宙の世界観が明らかにされました。

SL マスについての私のアイデアを、以下のスケッチに再度簡単に示します。 それ自体の重力により、これは私たちの標準ではほとんど理解できませんが、すでに高密度の 1cm3 の質量は約 90 兆 kg 以上を圧迫し、これは直径約 5 光月以上の正確に丸い球の体積に相当します。 この大きさなら確実に SL マスであることは間違いない、もっと大きなものも確実に存在する。 大きさを比較するとき、マドリード市の 5 メートルを思い出します。 私たちの地球との関係では、この質量は常に約 1:1,000 兆、あるいはそれ以上になります。 1 の例: 千兆。 私たちの地球上の水には 4 つの物理的状態があります。 最も極端なものは、水からの数百万℃のプラズマです。 次に、プラズマは非常に高温のガスから冷却されたガスになり、次に液体状態になり、最後に固体状態の氷になります。 私たちの例におけるプラズマは、太陽が膨張し、放出され、あらゆる元素を含む生命を創造した原子の世界です。 SL 質量衝突の最初（最初の 10 ～ 20 億年）、つまり SL 質量によってプラズマが吸い出されたり冷却されなかった場合、プラズマはそこに残り、このエネルギーが伝達できる場所は他にありません。 なぜなら、エネルギーは熱い方から冷たい方へしか行かないからです。 （エネルギー保存則） それは地球でも同じです。 私たちは太陽のエネルギーで溢れています。 その結果、太陽とすべての惑星はますます質量を失いつつあります。 ここ地球と同様に、SL 質量はヒートポンプの原理に従ってプラズマ (太陽から来た膨張したガス) を再び吸い込み、ヒートポンプのコンプレッサーのように圧縮します。 なぜなら、SL マスのこのコンプレッサーには地球上のような機構が備わっていないからです。深さ数千メートルの海水のように、それ自体の質量を圧縮します。 (水深 10,000 メートル = 1000 バール)。 ただし、SL 質量はこの球の中心まで約 $2^{12}$km にあり、直径は約 5 光月です。 つまり 2 兆 km。 この中央付近の領域には、論理的に異なる圧力が存在します。 いつどの集約状態に到達するかは決してわかりません。 プラズマが特異点の表面に衝突すると、プラズマは吸収され、プラズマ状態をガス状態に変化させます。

ここで、状態は A1 から N1 になり、ガスが水に押し込まれます。 （実際には、宇宙の質量とすべてが圧縮されるか、原子から電子が奪われます（これは弱い核力の死です） ここで、ある深さでどういうわけか非常に大きな圧力がかかっていると空想し、仮定することができます圧縮は進行し続けると考えられます。5,000 億 km と仮定します。ゾーンから N1 は Q1 圧縮に進み、SL 質量の絶対圧力に達します。そのとき、氷はここの核に位置します。水は地球に伝達される エネルギーは寒冷に伝達され、それ自体が圧縮されます。この原理によれば、エネルギー サイクルが発生し、決して停止することはできないことがわかります。ここで、2 つの超重い SL の塊の間の衝突を想像すると、次のようになります。ダイナマイトの爆発をカメラで録画して再生したい場合、爆発が到達するまでに最大 1 億年以上かかることがあります。爆発の外輪。 半径が 10 万光年で、太陽と小さな SL の塊が時速約 120 万から 400 万 km/h で爆発の経路上を出発した場合、それらがいつ終点に到着するかがわかります。 数百万年にわたる同じ瞬間に、これら 2 つの SL の塊は互いにこすり合い、何兆もの SL の塊の小さな塊を周囲に噴霧します。 各銀河には異なる銀河腕があるため、これは次の現象によるものとしか考えられません。 これにより、小さな SL の塊が途切れ途切れの光線のように宇宙に到達する可能性があります。 同じ期間中、SL の質量内の重力が再び大幅に増加します。 太陽となる太陽はその大きさに応じて形成を開始することができ、ニュートリノによる反重力によってその形成を見つけることができます。 したがって、SL 質量、太陽、ニュートリノの重力は、すべての太陽とすべての物質の間で完全な調整を形成することができます。 それを理解するには、全体的なコンセプトの中でこれを想像する必要があります。 その結果、各銀河は形成時に質量の一部を失い、その後他の銀河によって質量が戻されます。 これにより、クモの巣状の銀河構造が形成されます。 このエンジンは決して停止しないため、今日私たちが観察できるものは、何兆年以上も遡っています。 宇宙が140億年前に始まったと信じるのは、少々ばかげています。 ここでは、もう一度明確に考えることができるようにするために、頭から消す必要があるものの短いリストを示します。
ワームホール、11 次元、瞬間的な星形成、ホワイト ホール、瞬間的な太陽系形成、宇宙膨張、万物のビッグバン理論、並行宇宙、暗黒エネルギー、暗黒物質、幽霊ニュートリノ、時空曲率、ホーキング放射、シュワルツシルト半径理論、時空理論、超ひも理論、ハッブル定数に関するすべて、ブラック ホールのパラドックス、背景放射など、確かに他にもいくつか追加すべきことはありますが、1 つの銀河についての説明は 1 つしかないため、本書での私の説明はこれらの想像上の現象をすべて破壊するだけです。形成。 したがって、提案されたすべての理論は、最初にエネルギー保存の法則と物理的な枠組みの条件に関してテストされる必要があります。 リストされたすべての式は失敗するか失敗します。

私たちの目に見える宇宙の世界観が明らかにされました。

スケッチ: 9 私たちの銀河 の 周期。

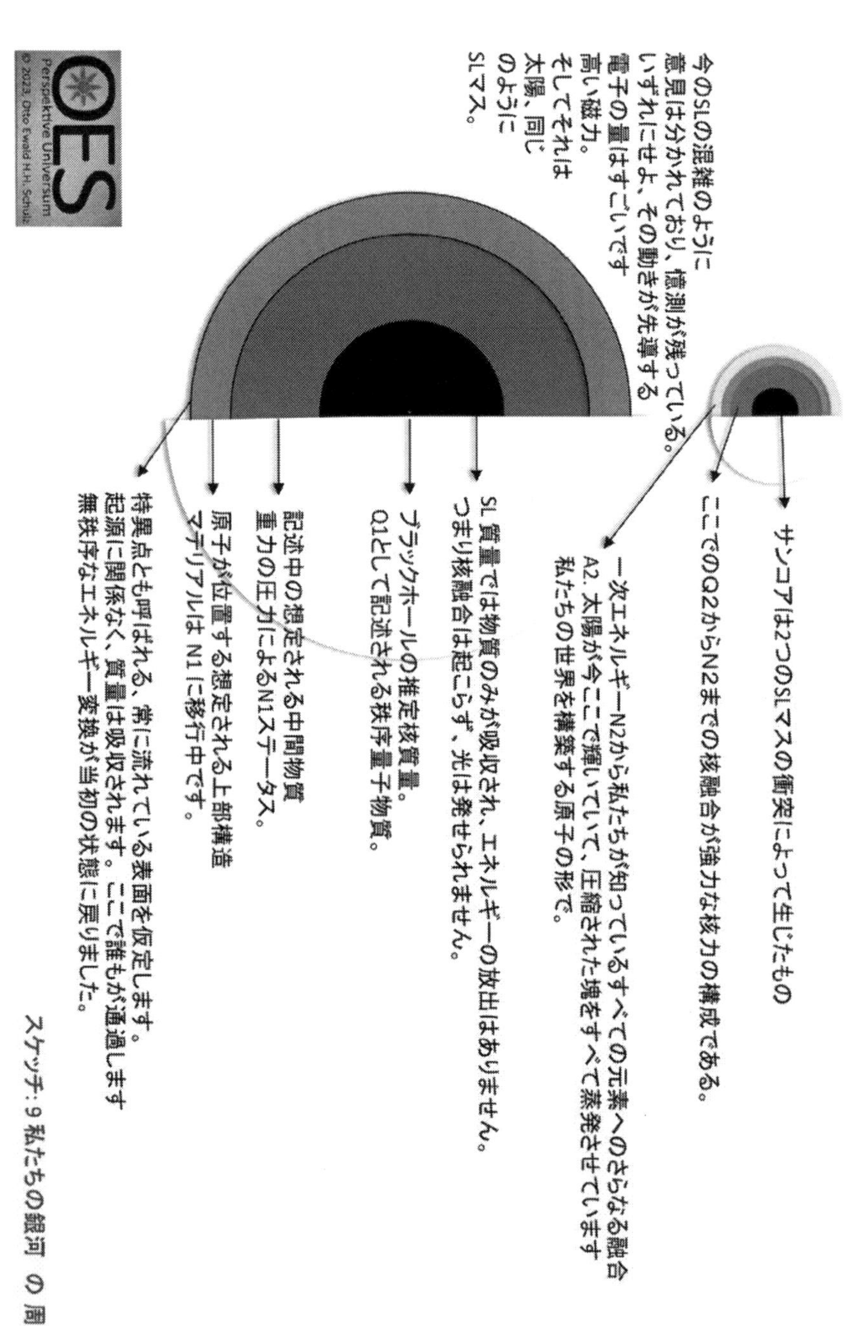

私たちの目に見える宇宙の世界観が明らかにされました。

## 26.1.) ヒートポンプと銀河の比較。

この原理は、SL 質量をさらに詳しく理解するために非常によく比較できます。 なぜなら、宇宙のすべてはこの質量から生じているからです。 ヒートポンプのコンプレッサーと同様に、SL の質量が最も重要であると想定します。 SL の質量は、蒸発器から混合ガスを吸い込むコンプレッサーと同様に、その周囲で移動するすべてのものを引き付けます。 SL 質量は、引き込まれたすべての物質に対して何をしますか? 高い重力から生じる重力を介して、それ自体の質量で圧縮します。 コンプレッサーも同じことを行い、混合ガスを圧縮して膨張側の圧力を高めます。 これは SL 質量でも起こり、数十億年にわたって時間が移動しただけです。 つまり、SL で長年にわたって何が起こっているかというと、コンプレッサーが作動しているときに常に行っていることです。 したがって、時間のずれた小さな差は、SL の質量の拡大にすぎません。 すでに説明したように、これはクラッシュによってのみ引き起こされる可能性があり、動作中のコンプレッサーでも同様に発生します。 この SL の質量が何兆もの小さな塊に分散されている場合、それはヒート ポンプ回路のバルブの膨張に匹敵します。 何兆もの小さな太陽と SL の塊が軌道上に分布すると、ちょうどヒートポンプの圧力バルブの後ろのガスと同じように、太陽からの蒸発が始まります。つまり、ガスは膨張して元の形状に戻ります。 太陽も同じことをしており、太陽系を生成し、生命を生み出し、蒸発器でガスが膨張し、高温の日に私たちに快適な涼しさを提供します。 そのため、SL 質量からのエネルギー供給が切れた後、放出された太陽が到着すると、このサイクルが再び引き込まれます。 比較した 2 つのシステムの唯一の違いは、有効期限です。 ヒートポンプシステムは完全に閉回路である必要があるため、約 100 兆光年の延長線上に閉回路が存在するとも言えます。 そこは、ニュートリノがその運動量エネルギーで到達した場所です。 これは他のすべての銀河でも起こり、最終的には興味深い銀河構造につながります。 これらのガイドラインに従って、読者の皆さんは、ここにリストされている既知のエネルギーのすべてのパラメーターを使用して、独自のアイデアをさらに発展させることができます。

私たちの目に見える宇宙の世界観が明らかにされました。

**27.)** オールトの雲。

太陽から測って現在の半径が約 1～1.5 光年以上のオールトの雲は、おそらくゆっくりと太陽から遠ざかり、ある時点で太陽の重力場から漂流するだろう。 私は当初、オールトの雲は太陽から 4 ～ 5 光時間離れたところで凝縮効果によって形成されると想像していました (おそらくもう少し少ないでしょうか? しかし、太陽の大きさとの関係で間違いなく)。 。
太陽の周囲の空間が冷える（半径 4～5 光時）ときの太陽風のパルスによって引き起こされ、補充エネルギーを伴う太陽風がオールトの雲に作用してパルスを引き起こします。 これは、半径約 5 光時間の空間から寒さが増し、その後も冷え続け、現在まで続いている瞬間でした。 これは約 60～70 億年前に起こりました。 ここでは、凝集状態が液体状態の物質の最初の塊を形成する場所と時間が最適でした。 エネルギーは常に高温から低温に変化するため、このプロセスは理解できます。 形成物質は太陽風の物質から来ており、太陽風の物質は何十億年も高温の環境に閉じ込められており、私たちの惑星や衛星の建築材料でした。 より高い圧力はより低い圧力を補おうとするため、ここでオールトの雲の推進力が生じたという事実に反対する議論は他にありません。 したがって、外圧により、凝縮効果によってオールトの雲が保護シェルに形成されました。 衝突後の最初の 10 億年間は、最適な凝縮の条件はこれ以上なかった。宇宙空間内の太陽風の温度による圧力が高く、太陽風の周囲の空間の温度も高かったため、内側から外側への圧力の均一化 ここで衝動が生じてオールトの雲を外側に押し出した可能性だけが考えられます。 ただし、この原理は内部圧力が上昇し、同時に外部温度が圧力とともに低下する場合にのみ機能します。 この点に到達するには何十億年もかかります。
ここで、現在のオールチェ雲の距離約 1.2 光年を決定し、パルス速度を計算します。 10 兆 km は約 1.2 光年に相当し、これを 60 億年で割ると、1,660 km/年となり、約 10 億年の凝縮期間にわたって約 150 メートル/h のパルス速度で除外されます。
オールトの雲の幅または厚さは 0.2 ～ 0.3 光年です。 オールトの雲は太陽系の周囲を守る球のように形成されたため、後に開発された私たちの目に見える宇宙の世界観が明らかにされました。

惑星で太陽が成功裏に完成させたように、円盤の形成に太陽の重力の影響はありません。 これは単なる幸せな偶然なのでしょうか、それともこのプロセスは太陽系定数に含めることができるのでしょうか? いいえ、これは偶然ではなく、完璧な計画です。 オールトの雲の厚さから、この凝縮プロセスは何十億年も続いたに違いありません。 そのとき初めて、凝縮密度は、結果として生じる円盤形成に近いレベルに達しました。そうでなければ、カイパーベルトの塊もオールトの雲に到達したでしょう。

**28.) 核融合炉 核融合科学。**

近い将来のある時点で、核融合科学は衝撃を受けるだろう。なぜなら、私の発言では一世代でこれらの大型核融合炉プロジェクトを止めることはおそらく不可能だからだ。 これは科学をひっくり返すだけでなく、私の意図とは関係なくばかばかしいものにさえなります。なぜなら、ここ（フランスの ITER プロジェクトだけでなく世界中で）私たちの科学が永久機関を構築しようとしているからです。 これではうまくいかないことはわかっています。 私たちはエネルギーを変換することしかできない原子の世界に住んでいます。 ウランとプルトニウムも、多量のエネルギーを使用して原子核として融合し、核分裂を通じてこの以前に加えられたエネルギーを放出します。 それは世代ではなく、原子が分裂する際に苦い後味を伴う変化にすぎません。

したがって、核融合炉の幻想的な能力を否定することしかできません。それは私の魂を傷つけますが、夢物語で無限のエネルギーを得ることができるわけではありません。 そこに鍵があるので、見てください。 エネルギー保存の法則はそれを許しません。 ここで、高位の科学者は私の考えを注意深く検討する必要があります。 その秘密は、弱い核力と強い核力の重心に隠されています。第 1 の Q2 から N2 へ、第 2 の N2 から A2 への結合エネルギーが解放されると、この一次エネルギーはさらなる核融合プロセスに必要になります。 それらはもう地球上には存在せず、太陽にしか存在しません。 私たちの場合、強力な磁気でプラズマを制御するには、プラズマを従来のエネルギーから 1 億度まで構築する必要があります。 これは一次エネルギーの一部です。
多くのコンサルタント、科学者、責任者、そして各国の政治代表者は約 50 年間、この核融合技術に大きな期待を抱いてきたが、そうでなければ何千億ユーロも研究に投資されることはなかっただろう。有望に聞こえますが、見た目に騙される可能性があります。 太陽は水素でできているわけではありません。 単純な分析ミスが大失敗につながります。 誤った信念は、高い期待を伴う驚くべき投資につながります。なぜなら、期待がなかったら誰が投資するでしょうか?再生可能エネルギーへの転換のためには、まずこうした核融合エネルギーの幻想を棚上げしなければなりません。
私たちはここで、地球上で使用できるさまざまな種類の再生可能エネルギーについて話していますが、それらは太陽からのみ、存在する瞬間にのみ供給されます。 それは誰もが知っていますし、何も新しいことではありません。 永久機関を作成するという試みは何百年もの間人類の夢でしたが、今日ではそのようなアイデアは特許庁によって受け入れられなくなりました。 それはもはや議論することはできません、それは単に不条理です。 偉大なダ・ヴィンチも試しましたが、まったく効果がありませんでした。 しかし、彼は何年も前に何を知っていたのでしょうか？なぜなら、私たちは原子の結合エネルギーが相互作用のほぼ最終段階にある世界に住んでいるからです。 例外は、地球上のアルファ、ベータ、ガンマ線を持つ放射性元素です。 それをよりよく理解し、これらの厄介な放射能をより適切に評価するために、元素の核種曲線を見てみましょう。 最も単純な水素から最も複雑な元素に至るまで、異なる電子を持つ陽子と中性子だけが核種曲線の上部に移動することがすぐにわかります。 この最も多様な元素の形成は偶然ではなく、単に太陽の下で得られるものでもありません。 それらを作成するには、結合エネルギーを解放する必要があります。 これは、原子が分裂するときに放出されるエネルギーが、原子を結合したときのエネルギーと少なくとも同じであることを意味します。 元のエネルギー、つまり核融合の前の一次エネルギーは水素原子から上に広がり、核種曲線内の原子全体ではありません。 わかりやすい例として、太陽の核が電子顕微鏡で個々に見ることができない素粒子で構成されていると想像してください。あらゆる素粒子はクォーク族に属します。 さらに小さいものもあります。 (ニュートリノを参照) これらの小さな粒子から小さな丸い核子が形成され、エネルギーを放出して結合します。 各核子は陽子または中性子のいずれかです。 電子はこれらすべての核子の間を走り回ります。 純粋な偶然理論を通じて、考えられるすべての要素が形成され、ベータ プラスとマイナスの減衰の大きなスペクトルが動き始めます。 これらの核子は、SL 質量に降着する前に、前の原子殻の圧縮された結合エネルギーを持っています。 この結合エネルギーの相互作用が解放され、原子殻が形成されると、新しい原子が作成され、このプロセスでは、後で水素からヘリウムへの核融合が起こる場合よりも多くのエネルギーが解放されます。 つまり、1km3 から 1cm3 を圧縮するのに必要なエネルギー圧縮圧力（量子力学の重力圧縮）です。 これは、地球上の核融合炉に欠けている一次エネルギーです。 この水素原子は最も単純であるため、最も多く生成されます。 ヘリウムはこれと密接に関係しており、水素 H2 や H3 などと核融合してヘリウム原子になります。 この結合エネルギーは、さまざまなエネルギーを通じて太陽内で表現されます。

ここから、2 つの異なる基本的な力が存在します。一方では、電子で原子核を定義するためだけに、第 1 と第 2 の結合エネルギーを持たない弱い核力と強い核力です。 それらは原子の世界にのみ存在し、私たちが地球上で知っているように。 太陽風によってはじかれ、オーロラを介して地球に到達し、原子や分子として地球に降り注ぐこともあります。 この太陽風の 99% 以上が太陽圏を経由して銀河の SL 質量に送り返されます。 最初の 80 億年間、この太陽風はオールトの雲に保護されて高温の宇宙に捉えられ、そこから惑星が形成されました。

私たちの目に見える宇宙の世界観が明らかにされました。

スケッチ: 10 核融合は作動不能。

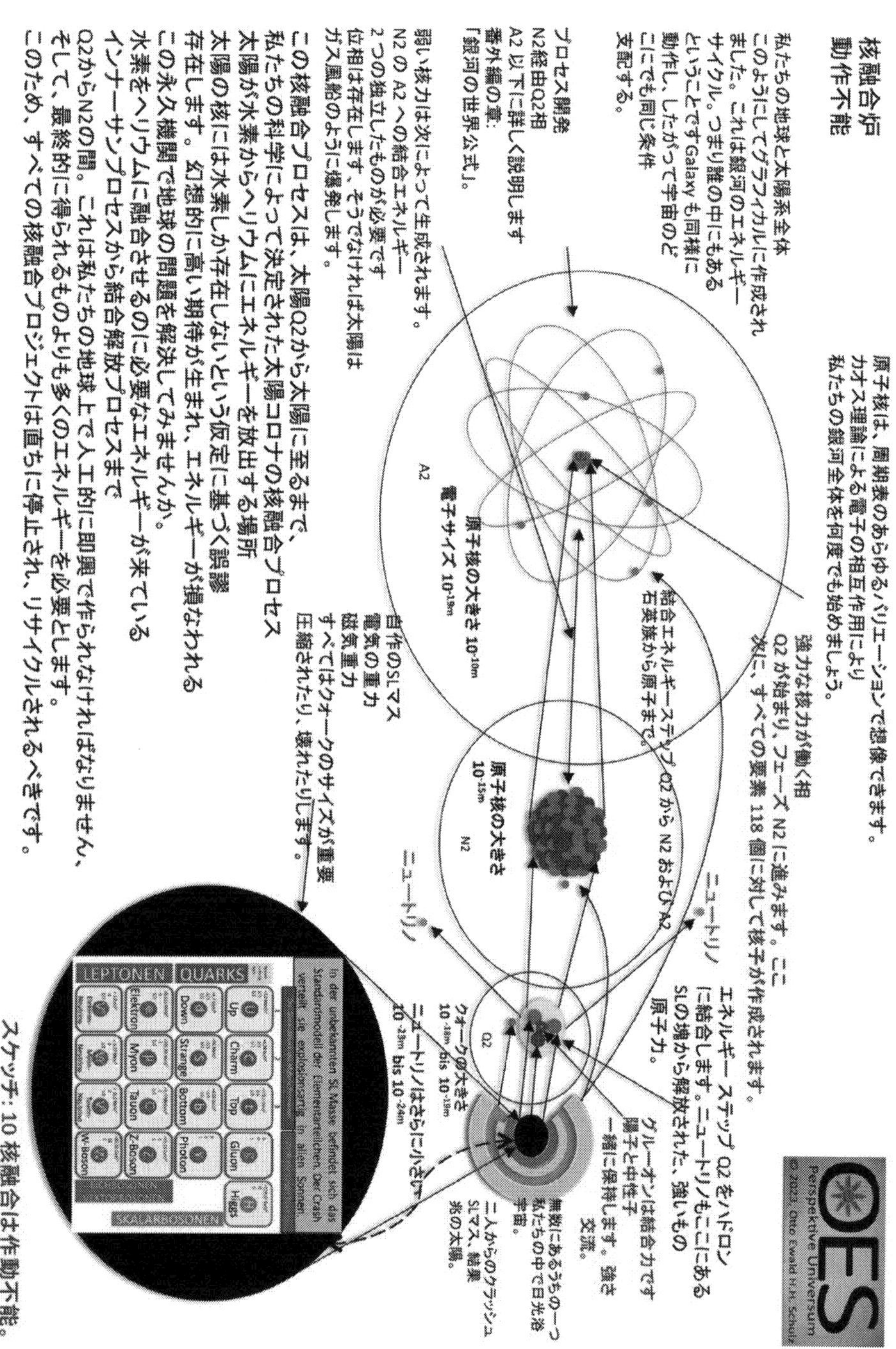

スケッチ: 10 核融合は作動不能。

私たちの目に見える宇宙の世界観が明らかにされました。

## 29.) ニュートリノ エネルギー 未来のサ イエンス フィクションか現実か?

ニュートリノのようなものを見ると、これはスマートフォンの最初のモールス信号に匹敵するこの技術の発展です。 つまり、今日私たちはニュートリノモールス信号の時代に入っているのです。 ニュートリノ技術は私たちをどこへ連れて行ってくれるのかという疑問が生じます。カトリン (ニュートリノ スケール) の 5 年間にわたる測定データの分析を待つ必要がないことは、私にはすでに明らかです。ニュートリノには質量があります。それは確かです。 ニュートリノあたりわずか 1 eV であってもまったく問題ありませんが、最終的には 1 秒あたり 1 $cm^2$ あたり数百億に達します。 私が設定した世界公式のおかげで、太陽コロナや太陽核から実際にどのようなエネルギーを扱っているのかがわかりました。 太陽のエネルギー出力の光と熱の太陽定数は、1,367 ワット /$m^2$ で地球の外気に触れます。 ニュートリノのエネルギーは 1,000 倍以上です。 もちろん、これは最初は信じられないように思えますが、ありそうもないことではありません。 前提条件は、最初の結合エネルギーが解放されるまでの一定のプロセスです。 Q2 から N2 (不明事項を参照) ここでは、水素とヘリウムの間の核融合プロセスよりもはるかに多くのエネルギーが永続的に放出され、これもこれに寄与します。 なぜなら、太陽におけるすべての +ß および -ß 崩壊は、安定核種曲線の周囲で最も大きな割合のニュートリノを濃縮するからです。 もともとニュートリノは、人間がニュートリノから直接電流の形でエネルギーを抽出できるようにすることを意図したものではありませんでした。 それとも二重の効果でしょうか? ここでは、すべての太陽が銀河内に位置している状態で、銀河全体をもう一度見る必要があります。 雄大な姿をした 2 つの銀河、アンドロメダと天の川を想像してみましょう。両方の銀河はまだ約 250 万光年離れています。 両方の銀河は重力によってお互いを認識し、互いに向かって競争していますが、ニュートリノによって減速されます。 ある時点で、この 2 つの引力とニュートリノ相互作用の斥力の間の点が、銀河の他の太陽の質量に作用します。2 つの銀河はそれぞれ必然的にニュートリノをもう一方の銀河に向かって投げ、この質量放出によってニュートリノを他の太陽に押し込みます。 十分な想像力があれば、この効果は暗黒エネルギーとして解釈することもできます。 太陽には絶対特異点の核質量があるため、ニュートリノはこの質量の中を飛行することができません; 私たちの場合、私たちの目に見える宇宙の世界観が明らかにされました。

惑星の原子質量の中で、ニュートリノは原子殻の高い多孔性を通って飛行します。 これは、太陽が水素から作られないことを何度も証明しています。 したがって、2 つの銀河は特定の死点の接近から互いに押しのけます。 銀河が消滅した場合にのみ、2 つの SL の塊が再び出会うことができます。 ニュートリノは 2 つの銀河を遠ざけます。これは、一定の距離ではこの効果が重力よりも強くなり、その点で 2 つの銀河間の死点に達するためです。 この例をよりよく理解するには、ジェットの付いた水ホースをプラスチック製防水シートの上に置くと、プラスチック製防水シートが押しのけられます。 （ウォータージェット＝ニュートリノ、プラスチックシート＝SL 質量と太陽核） 他の銀河でも同様に逆の意味です。 たとえば、プラスチック製の防水シートは、クォーク族の絶対的特異点に対抗するニュートリノ サイズ $10^{-24m}$ メートルの太陽核質量であり、この高密度質量の中を飛行することはできません。 あるいは、同じ水ホースを目の粗いネットにかざすと、ネット（ネット＝原子の殻）は動かず、水は何の妨げもなく飛び交います。ここでは、ニュートリノのサイズは $10^{-24m}$ メートル、原子質量は $10^{-9m}$ メートルです。 粗いメッシュのネットワークは、私たちが住んでいる原子の殻の原子の世界です。 ニュートリノは原子殻の 10 億分の 1 倍小さいです。 ご存知のとおり、目の粗いネットは非常に控えめな表現であり、理解を助けるだけです。 実際には、ニュートリノがテニスボールほどの大きさであれば、網のメッシュの幅は 70 億 km になります。これについてはすでに説明しました。 2 回は何もしないよりは良いです。 2 つの銀河のこの接近は、すべての太陽が数十億年かけて SL 質量の中に後退するまで、ニュートリノによって遠ざけられます。 このプロセスは完璧な時計仕掛けのように実行され、銀河が互いに融合します。そのため、銀河が互いに混ざり合うことはほとんどなく、誤ってプログラムされたコンピューター シミュレーションでのみ見られるのです。 論理的には、そうでなければ、そのような段階で銀河の 15 ～ 20%、あるいはそれ以上を観察できるでしょう。したがって、すべてまたはほぼすべての太陽が認定されるまで、銀河の混合はできません。それはすべて、読みやすいエネルギー追跡の問題です。 このシステムを理解している人なら誰でも、その道を進んでいます。

ニュートリノのこの永久エネルギーは宇宙のあらゆる領域に存在しますが、強さは異なります。 ニュートリノ濃度は距離に比例して減少し、熱放射や光の強度も減少します。 同じ効果は銀河自体でも発生し、太陽が衝突できないように互いに遠ざけますが、飛行方向が平行な場合にのみ発生し、衝突コースに対する解決策はありません。 この効果は暗黒物質とは何の関係もありませんが、暗黒物質の働きは少し異なります。 (暗黒物質を参照)
ニュートリノのモールス信号時代を少しでも未来志向の時代に盛り上げるために、想像力が刺激されます。 電気エネルギーの利用にはまだ効率的ではない電流を収集するためのフィルムがすでに存在します。 一度アイデアが生まれ、そこから最大限のエネルギーの流れを引き出せるまで研究は止まらない、もしかしたらまた 100 年が経つかもしれないが、これから来る地球の時代のこの短い時間は一体何なのだろうか？ 個人的には、電気エネルギーを生成するためにそのような物質をここに輸送することさえできないと思いますが、これは理論上のシナリオであり、実際には不可能です。 このテクノロジーを使えば、SF 版が現実になる？ このニュートリノのエネルギーを利用すれば、自動車は燃料を補給することなく飛行でき、車内で水素を直接生成することで超音速も可能になります。 想像力がほとんどなくても、他の星に飛ぶことはできますが、このエネルギー源がなければそれは不可能です。 ここで新たな章が開かれ、前例のない可能性がニュートリノ技術の挑戦につながります。 量子コンピューターかその後継があれば、人類は視床下部へのインターフェースを作り、ホルモン操作によって永遠の命を強制するだろうと、私はますます確信しています。 一例として、人間は通常 30 歳まで生きますが、その後ホルモンの操作によって生物学的年齢が 20 歳にリセットされ、その後は無限まで行き来します。 しかし、それはほんの始まりにすぎません。 宇宙がどのようにして誕生したかを私たちがすでに知っているかどうかという問題は、依然として未解決のままです。 科学を方向性に導く他のアイデアがない限り、最初に常にアイデアがあり、それが議論され、もちろん批判され、それが進歩につながります。さて、ニュートリノエネルギーの話に戻ります。 ニュートリノについて私が今考えていることは、これまで誰も考えたことのないことです。なぜなら、自然界ではすべてに意味があり、なぜそのように機能し、何に使用されるのかがあるからです。 私たちは太陽放射についてのみ考えており、太陽放射がなければ生命は誕生しなかったでしょう。 ニュートリノは、太陽コロナまでの下層でのベータ + およびベータ - 崩壊によって生成されます。 他の太陽や銀河までの距離の可能性の説明は、ここで起こり得るエネルギー構造で私たちの目に見える宇宙の世界観が明らかにされました。

す。 さらに可能性が高いことは、太陽が自らから出力する超一定のエネルギーによって証明されています。
世界で最も正確なスケール。 これは傑作のようなものです、信じられないほどです！ https://youtu.be/1w_B0xeR3jo?si=c_i51meYm3IKIcsJ
したがって、太陽が水素でできている場合、変動が発生し、完全な破壊につながる可能性さえあります。 燃やすにはあまりにも危険なシステムです。 他に何かがあるに違いありません。水素とヘリウムを太陽の主要エネルギーとして使用することは、まったく不可能です。
核融合プロセスは、太陽が SL の質量から分離し、高温 (< 10 億℃) によって発火した直後に始まりました。これは、太陽が自身の重力も獲得したため、言い換えれば、絶対重力圧力から解放されたためです。 同時に、ベータ崩壊との核融合が始まり、今それが起こります。「ニュートリノは、他のデブリ（太陽や SL の質量ですが、はるかに小さい）から反発する仕事を始めましたが、同時に、自分自身の太陽へのニュートリノの衝突も始めました。シュート"。 これは、あらゆる方向から短距離で、つまり太陽のコロナから太陽の核までの高強度で太陽の核に当たるサンドブラスト送風機のようなものと想像できます。 すべてのベータ崩壊の 30 ～ 40% が太陽の核に衝突するため、他には何も残りません。残ったニュートリノは太陽によって外部に放出されます。 太陽の核は絶対的な特異点を持っています。つまり、すべての素粒子は、以前に SL 質量の中に位置していた太陽によって純粋な対称性までしっかりと圧縮されており、ニュートリノがこの質量を通って飛行する方法はなく、ニュートリノが通過することはできません。 ここでは、これらの多数のニュートリノが安全な溶液系を形成し、それによってクォーク族が第 2 結合エネルギーを介して高度に圧縮された質量から集まり、核子としての中性子と陽子を形成します。 たとえば、分かりやすさの観点から、このプロセスは地球上で木材を燃やすことに例えることができます。 それらを比較すると、同等の感覚が得られます。 太陽の質量は SL 質量の重力によって圧縮され、木材は光合成を介して太陽のエネルギーによって圧縮生成されました。 どちらも、約 1018:1 単位の比率でエネルギーを蓄積しました。 発火さえも、信じられないほど高温になる衝突時の太陽にたとえることができます。 おそらく 2 つのユニットの比率が同じであっても。 状況は木材の場合も同様で、ここでもマッチ 1 つだけでは十分ではありません。 木材からガスが抜けて燃焼できるように、最初に温度 (150° C) に達する必要があります。

私たちの目に見える宇宙の世界観が明らかにされました。

燃焼すると、太陽の最初の 2 番目の結合エネルギーは核子の形成であり、これは木材内部の高温ガスの形成と同等と考えることができます。太陽の核融合シーケンスによる原子殻への最初の結合ステップでは、木材の燃焼プロセス、ここでは燃え盛る火で炭素が酸素とともに二酸化炭素に分子変換されます。 どちらの場合も、エネルギーは同じ割合で放出されます。 継続的なエネルギー放出のための規制された取り組みも同様の動作をします。 一方では、太陽では核マントルに衝突するニュートリノを通して、そして木材では木の周囲の領域の酸素を通して。 木材への酸素供給量を増やすと、より速く、より強力に燃焼します。 このプロセスは、より多くのニュートリノを太陽核に増加させることで、太陽にも同様の影響を与える可能性があります。 ニュートリノは、継続的かつ安全な核融合形成プロセスを制御します。 おそらくこの現象が科学的に確認されるまで、そう長くはかからないだろう。（その場合、ニュートリノの供給は中性子星に利用できなくなります）（その場合、酸素は木炭に失われます） 研究結果はすでに非常に近いものになっている可能性があります。 しかし、私たちの税金から、絶望的な核融合に新たな投資が何度も行われています。 この事実は、地球上で核融合炉を通じてエネルギーを生成しようとする核物理学者の試みを最終的に否定します。（例としてフランスの ITER、2 桁の 10 億投資）

**30.) 世界中の年間エネルギー消費量。**

気候変動は昨日から世界中で話題になっているだけではなく、ここでも懐疑論者を説得するには、こう言うこともできます：「化石燃料をできるだけ早く廃止してください！」 これらの非常に重要な炭素化合物は、そう簡単に燃やしてはなりません。遠い将来、私たちがそれらを何に使用するかは誰にもわかりません。 エネルギー転換を求める活動家の力がますます強くなり、政治家に行動を起こすよう促している。このプロセスを望まない政治的意思決定者は依然として十分に存在するが、そのような利己的な態度は国家全体の責任に影響を与えるだろう。 関係国にとって経済的損失がほとんど、またはまったくない賢明な概念だけが、最後の水平思考者に救済を提供することができます。一般に、理性は着実に進歩しますが、非常に大規模なプロジェクトでは完全な結論に達することはありません。 国連はここで世界的な階層構造を形成し、化石エネルギーの放出によって引き起こされる破壊プ私たちの目に見える宇宙の世界観が明らかにされました。

ロセスを制御することができるだろう。再生可能エネルギーへの転換を成功させるためには、ある時点で補償が発生できるように、現在世界中で一次エネルギーが拡大している量の何倍ものエネルギーが必要となります。 私が話しているのは、全世界で年間 200,000 テラワット/時間の現在のエネルギー消費 + 年間約 3 ～ 4% の拡大であり、これは全人類が必要とする (のみ?) ものです。 したがって、電気、熱、冷気として年間少なくとも 6,000 ～ 7,000 テラワット/h の再生可能エネルギー出力を、環境に配慮して再生可能エネルギーに変換する必要があります。 太陽光発電、赤外線吸収、冷エネルギーを通じて設置されたことは明らかです。風力発電は、洋上風力タービンと同様に、その後の複雑なリサイクルプロセスと遅い償却により、消費者にとって高いエネルギー損失を伴うため、環境に対する耐性が高くなります。 これらのシステムの持続可能性に未来はありません。 これらの施設は、将来の世代への環境保護の遺産です。 他のセクションですでに説明したように、エネルギーを生成するための核融合は化石エネルギーを解決することはできません。 現時点では、ニュートリノのエネルギーだけが進化の過程に残り、素晴らしい結果をもたらすのでしょうか? 私は、ある時点でブレークスルーが起こるとは確信していません。だからこそ、実際にはおそらく機能しないだろうという物理学者の意見に私も同意します。 詳細については、Neutrino Energy でご意見をお寄せください。他のすべての種類の再生可能エネルギーは枯渇しているか、限られた範囲で使用できますが、その出力は決してテラワット範囲に達しないため、気候変動に変化をもたらすという全体的な概念にとっては興味がありません。

**31.) 再生可能エネルギーから化石燃料へ。**

これが何を意味するのかを誰もが理解できるように、現在、年間出力 100 テラワット/時未満のエネルギー システムが世界中で設置されています。 しかし、一次エネルギーの世界的な拡大は 70 ～ 90 倍であり、これは論理的には化石燃料の消費が急速に増加する必要があることを意味します。 たとえば、自分が走るよりも 70 倍の速度で走っている電車に飛び乗らなければなりません。 時速 35 km で走行するスプリンターの場合、時速約 2000km に追いつく必要があることになります。 それはどのように機能するのでしょうか?

私たちの目に見える宇宙の世界観が明らかにされました。

以下は、世界中で毎秒さまざまな種類のエネルギーに変換される化石燃料の量の簡単な概要です。
140m$^3$ 石油/秒、280m$^3$ 石炭/秒。 天然ガスは毎秒約 140,000 立方メートルで、天然ガスはより速く増加する傾向にあり、石炭は若干減速する傾向にありますが、最終的には両方とも拡大します。
これは、現在の再生可能エネルギー設備の拡大が 3 ～ 4% から 2.8 ～ 3.8% に減少することを意味します。 そこまで行く人は誰もいないよ！ 自然の地表の生態学的災害から、農業のためのモノカルチャーのためのアスファルト舗装、コンクリート、森林地帯の開墾への変化は依然として進行中である。 これは約 4000 平方メートル/秒です。 世界中で環境面での災害に貢献しています。 新技術によるエネルギー節約の飽和プロセスは過去 30 年間で増加しており、大幅に改善することはほとんどできません。 一部のセクターと同様に、限界に達しており、残された唯一の選択肢はソフトウェア詐欺を試みることでした。 不動産には、エネルギーシステムの未来志向でもある可能性がまだたくさんあります。 農業では、人々の健康を考慮して有機農業に移行する傾向があり、より多くのエネルギーを供給する必要があります。 e モビリティでは、$CO_2$ 排出量は隅から隅まで移動するだけです。 これは世界中の $CO_2$ 排出にとって有益ではありません。 ここで、$CO_2$ 排出税は消費者から恩恵を受けていますが、環境や気候変動への負担は軽減されません。 それどころか、e-power はグリーンではなく化石燃料から得られるものであり、損失は避けられないため、e-car モビリティによって世界中で $CO_2$ 汚染が実際に増加しています。 同様に、電気自動車自体は未来ではありません。 ネガティブな視点が多すぎますが、私の主な点はバッテリーです。 このエネルギー貯蔵システムは、生産からリサイクルまで持続可能性とは関係のない問題を隠します。 原材料の独立性だけでは、世界中で中立的な競争を生み出すことはできません。 だからこそ、私は個人的に水素推進を主張しており、技術が完全に開発されるまでは、ハイブリッドによる電気駆動によってサポートされるべきです。 最大航続距離は 30 ～ 50km が最適です。 私がこのように言ったのは、都市交通、つまりストップアンドゴーの短い移動では、エネルギーを節約でき、ブレーキエネルギーをバッテリーにフィードバックすることもできるからです。もちろん、水素や電気駆動による長距離の移動でも同様です。 技術に太陽電池も設計として含まれている場合、改善はほとんど不可能です。 水はどこでも入手でき、電気はグリーンでなければなりません。

**32.)** 気候変動の解決策。

このような巨大な最終的な解決策はどのようにして実現されるのでしょうか? 約 80 億人の人口を抱え、エネルギーを貪り食うこの怪物は、生きていくためにこの食物を必要としている。
まず最初に言っておきたいのは、ここにいる誰も、この増え続けるエネルギー調達に取り組むことにまだ成功していないということです。さらに、私たち人間が遵守しなければならない生態学的枠組み条件が他にもあります。さもなければ、後方で構築されているものを前方で破壊することになります。
したがって、効率的で環境に優しく、長期にわたって機能し、修理の影響を受けず、ほとんどどこでも使用でき、迅速に実装でき、工業的に製造でき、あらゆる点で有利であり、自然の力に耐えることができ、さらに良いことに、それは必要です。 、セルフスターターとして経済的に資金調達できるため、すべての建設業者がそれを望んでおり、エネルギー供給から独立しています。 もちろん、これはエネルギー会社にとって厄介な問題だ。 しかし、私たちは今何を望んでいるでしょうか? 高収益を上げ続けるか、それとも気候変動を阻止するか?
すべての疑念を払拭し、この概念の世界的傾向を実現し、この再生可能エネルギーの利用を効果的にするには、すでに述べたように、次のことに焦点を当てるために核融合技術を廃止する必要がある。改善の必要性と、これらの実験への投資を中止する必要がある リソースを再生可能エネルギーの概念に振り向ける必要があります。
このコンセプトの主要なエネルギーは太陽からのみ直接供給されます。太陽電池はセルの下で冷却され、媒体のエネルギーは最大 200 メートルの深さの地下ドリルパイプに蓄えられ、そこでエネルギーが拡散して残ります。 これは、暖房が必要な日を除いて夏の間ずっと続き、このエネルギーはすぐに使用されます。 夏からのこの永久的な熱エネルギーと同様に、冬からの冷エネルギーも地球のより遠い地域に蓄えられます。 地球の奥深くでも同じように。 冷却過程で発電効率が約 25～40%低下しないため、高効率に発電できます。 熱エネルギーは、利用可能な限り、一年中、もちろん主に夏に取得され、冬にはヒートポンプ技術を使用せずに使用されます。 地熱エネルギーが臨界値に低下すると、ヒートポンプが作動します。 このようなシステムは、当社の制御技術を活用することで実現可能です。 流水温度は最大 25° C まで。同様に、冬には太陽電池が暖められ、寒さが蓄えられます。 これは、この冷エネルギーが電気エネルギーに変換され、夏の冷房に利用されることを意味します。 これは、冷エネルギーが電気エネルギーとしての熱力学的効率と直接的に同等であることを意味します。 ニューヨーク、スペイン、イタリア、ロシアなどの緯度では、冬に氷点下 20 度以下になることも珍しくありません。 夏には 40℃を超えるため、他のシステムではこれ以上の効率は得られません。 これらの建物は追加のエネルギーを必要とせず、逆に電力網に電気エネルギーを放出します。これらのシステムは構築できる規模に応じて、相互にサポートします。したがって、最初の 100 年間の供給を確保するために、バイオ発電所、水素発電所、風力発電所、その他の再生可能エネルギー発電所との分散型接続が構築されています。総出力が自給自足供給に十分になると、エネルギーは水素の製造と自動車のバッテリーの充電に使用されます。これは一時的な解決策としては回避できません。 これにより、後の段階で相互に接続できるエネルギーセンターが作成されます。 （この概念の実装は、ロックフェラーが石油ランプで化石エネルギーに電力を供給して以来の回帰です。）その場合、高圧架空線の拡張は限られた範囲でのみ使用する必要があります。 渦電流の損失により大量のエネルギーが無駄になり、収集できなくなるため、交流から直流に徐々に切り替えるのが最善です。 これは、私たちの車と同様に、直流の利点です。 省エネ住宅のほとんどすべてが直流で動作します。 交流が必要な場合は、適切なコンバータが役立ちます。 このような概念の実装は、最初はこの化石エネルギーの束縛から解放されるための戦闘機械の構築に似ています。 それには何世代もかかりますが、私たちの創造性は、私たちの知性を通じてこの革新的な段階の原動力となり、地球を明るい見通しのある安定した未来に変えつつあります。 気候変動によって引き起こされる破壊は、世界中で私たちの文化に信じられないほどの損害を与え、ハリケーンや竜巻を含む干ばつや洪水の期間により、農業はもちろんのこと、毎年より多くの命を奪っています。

建物の建設さえも革新的であり、このプロセスには必要です。 これは、健康的な居住性のための断熱、内部技術、エネルギー分配の観点からです。 環境保護の観点からは、平方メートルあたりの効率が最大に達しますが、さらに多くの効率を達成することも可能です。簡単な実行私たちの目に見える宇宙の世界観が明らかにされました。

計算により、この 1 兆ユーロ規模の生存戦略の規模に関する情報が得られます。 この状況を明確に理解すれば、それが達成できることは誰もが知っています。 私たち人間は何でもできるのですが、それは高いモチベーションによって達成される必要があります。 この概念を回避するための決定を求めることは、より良い代替案が現れた場合にのみ生じます。 もちろん、このような膨大なエネルギーを化石鉱脈から分離するのは簡単ではありません。 これには、私たち人間が CO2 排出を止め、再生可能エネルギーで再び削減したい場合のあらゆる手段が含まれます。 私は個人的に、これほどの可能性を秘めた気候変動ソリューションのような選択肢を他に知りません。 熱と冷気のエネルギーだけでもすべての予想を上回り、発電量を 5 倍もはるかに上回ります。 重要な側面は、m2 あたりの収量が非常に効率的であることです。 太陽光発電と太陽熱エネルギー。

現時点では、グリーン エネルギー設備はテラワット範囲にあるため、ペタワット範囲の拡張範囲にも及んでいません。他の大陸に広がるためには、ここヨーロッパに基礎を築く必要があります。

エネルギーは住宅にとって最も高価なコストの 1 つであり、将来何が約束されるかわからないため、この永続的なソリューションを使用して、将来の建築業者向けに興味深いコンセプトを設計できる可能性があります。 同時に、無慈悲な二酸化炭素排出によって何年も環境に悪影響を与えてきたすべての大企業が、一般国民を犠牲にして経済的に豊かになることができるよう検討を行うべきである。 すべての企業と裕福な個人は、気候変動が今日私たちにもたらしているツケを支払わなければならないことを自発的に認識する必要があります。

もし当時の工業化の発展を担った人たちが今日の気候変動を知っていたら、何も対策はできなかったと思います。 現代では、物事の尺度が達成されています。 だからこそ、今が行動すべき時なのです。

私たちの目に見える宇宙の世界観が明らかにされました。

## スケッチ:11 コントラ気候変動。

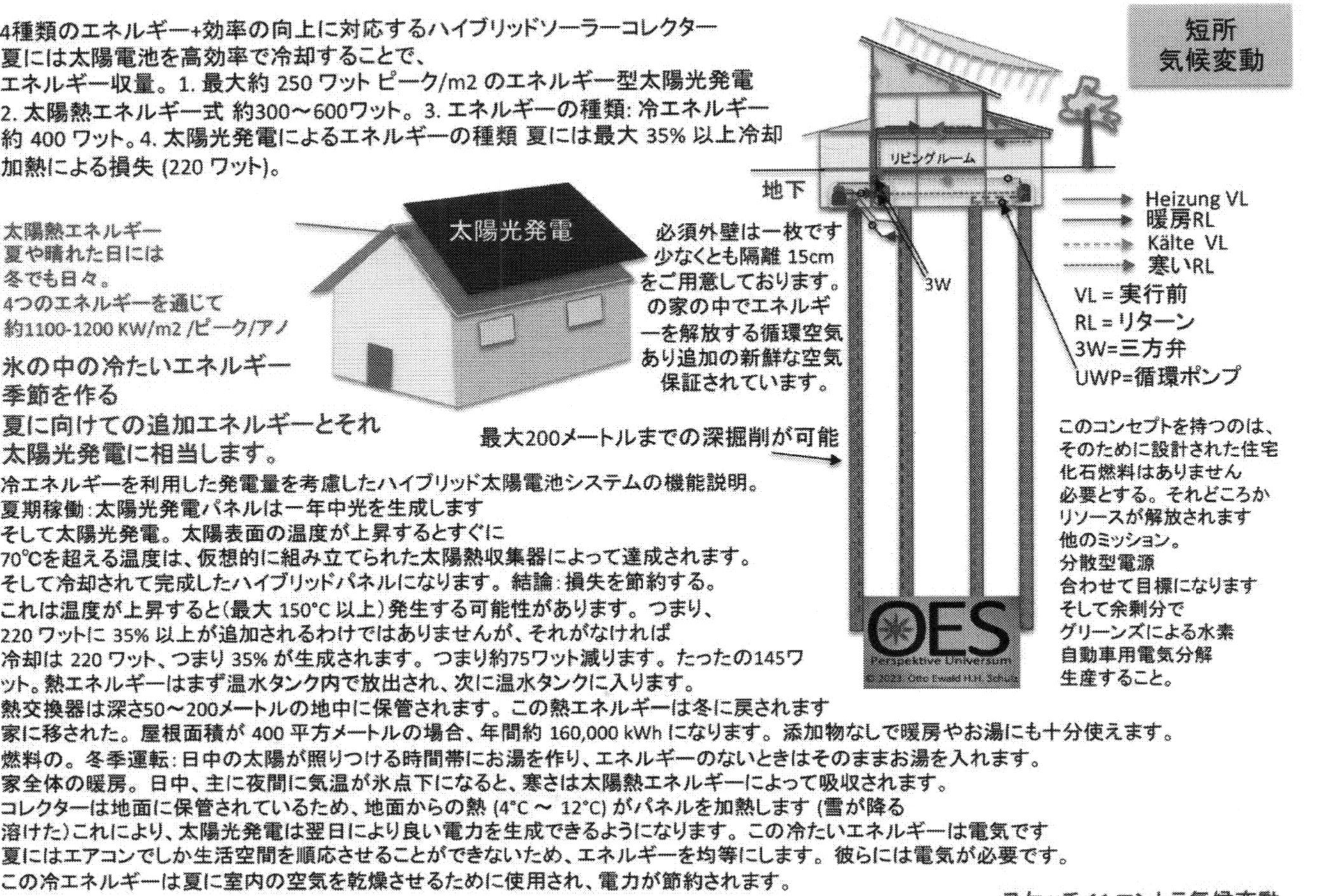


スケッチ:11 コントラ気候変動。

私たちの目に見える宇宙の世界観が明らかにされました。

**33.) 私たちはエネルギーの滴りに依存しています。**

私たちの人口の大多数からの調査は、どのニーズが優先であるかを示しています。 私は、回答者全員が比較的順調であり、一般の国民としてさまざまな問題領域の影響を受けている人々であると仮定しています。
インフレは最優先事項ですが、それはエネルギーとどのような関係があるのでしょうか? 昔、エネルギーが (私たちの基準で) 安価に流通していたとき、それを負担と感じていたのは調査対象者のほんの一部だけでした。ウクライナ戦争以来、この状況は急変した。 パニックが勃発し、エネルギー価格は高騰するばかりで、それがあらゆる分野に反映され、必需品の価格が上昇し、高インフレにつながりました。 独立性が高くなるほど、気楽にエネルギーに頼らなければなりませんが、それは誰もがこの道を進むことを理解している場合に限ります。 エネルギーは年金の支給にも関与しており、国家が将来の年金拠出金に資金を提供できるように保証されなければなりません。 この複雑なシステムでは、一例だけが挙げられています。エネルギー価格が上昇し続けると、企業が生産拠点を海外に移転することを検討すると、労働者と税収が不足します。 何も対策を講じなければ大失敗につながるので、本当に心配です。 住宅に関して言えば、猫は自分の尻尾を噛むことになります。これは、インフレが上昇し、利用できる資本が減り、金利上昇によりインフレが鈍化するためローンの価格が高くなるということを意味します。 建築資材と労働者もインフレメカニズムによって活性化されるため、ここでも債務者はエネルギーになります。 今でも、そのエネルギーは投票を通じてのみ表れています。 このため、最終章では考えるべきことを書きます。 その後に移民、人工知能、パンデミックなどの別の問題がやってくるだけだ。 移民には信じられないほどのエネルギーが隠されており、亡命を求めに来る人々には命しかなく、国家は彼らを受け入れ、彼らに食事を提供し、制定された法律を通じて団結を示さなければなりません。 シロアリのように、彼らは国庫を食べて穴をあけます。 今、人工知能について何か言いたいと思ったら、それは簡単ではありませんが、私はそれを車の発明に例えたいと思います。 最初の自動車がどのように生産され、その後徐々に販売されたかを想像してみてください。ガソリンは薬局でしか入手できませんでした。 今日、私たちは AI と同じレベルにいます。 皇帝ヴィルヘルムは、「これは一時的な現象にすぎない」とだけ述べた。 今日の AI についても同じことが言えますか? つまり、私はカイザー・ヴィルヘルムではありませんが、もしかしたらあなたはそうなのですか？ このため、同様の開発が行われますが、はるかに高速です。 私が個人的に考えているの私たちの目に見える宇宙の世界観が明らかにされました。

は、AI の取り扱いと特定の用途に対する課税です。 なぜなら、ある時点で量子コンピューターと AI が私たちの遺伝子とのインターフェースを作成し、それによってホルモン制御が活性化されるからです。 これは、誰もが常に若さを保つことができ、事故でバラバラになった場合にのみ死ぬことを意味します。 AI が供給と安全保障にどの程度影響を与えるかはまだわかりませんが、エネルギーが大きな役割を果たすことは間違いありません。 したがって、気候変動との戦いは今、熱意を持って始めるべきであり、昨日から始めるのが最善であることは明らかです。 私自身、核融合は成り立たないという科学的根拠を示してきました。 いつ実装されるのか見てみましょう。
私がここに書いたことはすべて、厳しい批判に耐えなければなりません。 同様に、実現可能性のある計画を実行するには、すべてが実現可能で実現可能でなければなりません。

スケッチ: 12 エネルギーの滴り。

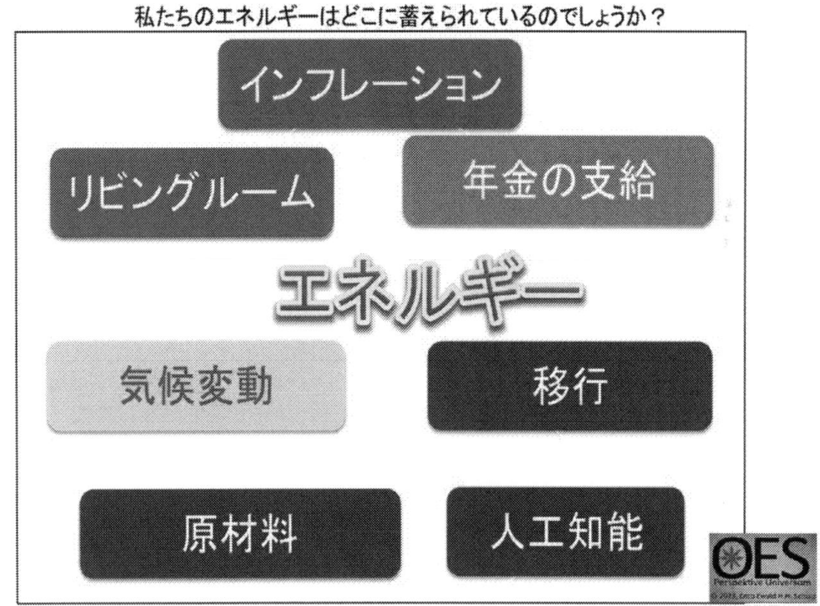


スケッチ: 12 エネルギーの滴り。

私たちの目に見える宇宙の世界観が明らかにされました。

ご清聴ありがとうございました。この本をよく理解していただけたでしょうか。

2014年頃から今日 (2023年10月12日) までのこの本の振り返りと書き留め

終わり